Unity3D

游戏开发项目教程

匡红梅 安晏辉 主编

张一驰 刘丰 王琮珽 副主编

清华大学出版社

北京

内容简介

本书从2D、3D游戏案例着手详细讲解Unity引擎，介绍引擎中的常用操作与脚本，讲解游戏界面搭建、游戏场景搭建、交互脚本编写、项目运行测试等游戏开发环节。

本书既面向初学者，又为具备Unity基础而想更进一步学习或是需要一本Unity工具书查询的读者提供了便捷的渠道。全书内容均基于Unity 2021和Visual Studio 2019编写。

本书适合职业院校及普通高等学校虚拟现实开发相关专业的教师和学生作为教材使用，也适合虚拟现实相关专业技术人员参考。

图书在版编目(CIP)数据

Unity3D游戏开发项目教程/匡红梅，安晏辉主编. --北京：清华大学出版社，2024. 11
ISBN 978-7-302-65302-8

Ⅰ. ①U… Ⅱ. ①匡… ②安… Ⅲ. ①游戏程序－程序设计－教材 Ⅳ. ①TP311.5

中国国家版本馆CIP数据核字(2024)第038808号

责任编辑：张 弛
封面设计：刘 键
责任校对：李 梅
责任印制：沈 露

出版发行：清华大学出版社
网 址：https://www.tup.com.cn，https://www.wqxuetang.com
地 址：北京清华大学学研大厦A座 **邮 编**：100084
社 总 机：010-83470000 **邮 购**：010-62786544
投稿与读者服务：010-62776969，c-service@tup.tsinghua.edu.cn
质量反馈：010-62772015，zhiliang@tup.tsinghua.edu.cn
课件下载：https://www.tup.com.cn，010-83470410
印 装 者：三河市龙大印装有限公司
经 销：全国新华书店
开 本：185mm×260mm **印 张**：11.75 **字 数**：285千字
版 次：2024年11月第1版 **印 次**：2024年11月第1次印刷
定 价：49.00元

产品编号：101728-01

前　言

为贯彻落实《中共中央关于认真学习宣传贯彻党的二十大精神的决定》，推动党的二十大精神进教材、进课堂、进头脑，我们要切实提高政治站位，聚焦为党育人、为国育才。做好党的二十大精神进教材工作，既要整体把握、全面系统，又要突出重点、抓住关键。因此，推动虚拟现实、人工智能等"十四五"规划中的先进发展技术，深化职业教育学科教学深度，重点围绕服务国家需要、市场需求、学生就业能力提升问题，以高等职业学校、中等职业学校为主，着力培养高素质劳动者和技术技能人才是面向未来、适应产业升级的创新教育趋势。为便于开展学生教育培训工作，本书依据Unity游戏开发技术特点与相关岗位需要，编写了虚拟现实工程技术应用1+X证书配套用书，旨在为广大学生提供更为精炼、更有针对性的辅助材料，希望能够培养一批合格的游戏开发、虚拟现实技术人才，更好地服务国家经济的发展。

本书围绕游戏开发技术的人才需求与岗位能力进行内容设计，顺应职业教育特点，以手册式教材、理论知识结合实际案例操作的方式编写，将项目分解成一个个简单的学习任务，循序渐进地介绍游戏项目开发方面的相关知识，且难度逐渐递增，让学生能够独立开发出多个2D、3D类型的游戏项目。

本书可作为数字媒体技术、虚拟现实技术等专业专用教材，也可作为从事虚拟现实应用开发工作的人员和虚拟现实技术、数字媒体技术等相关专业学生的参考书。本书的内容特点如下。

1. 主要内容

本书以理论知识结合实战案例操作的方式编写，分为两种游戏类型、四个游戏项目。

在2D游戏模块，通过2D迷宫游戏制作、2D找不同游戏制作两个案例学习Unity3D编辑器的基础、C#脚本API等知识。在介绍理论知识的同时，通过具体案例加深学生对知识点的理解，提高实际操作能力。

在3D游戏模块，首先学习了Unity的地形系统、粒子系统、动画系统，其次针对3D游戏项目开发流程进行了讲解，然后根据前面所学知识的侧重点有针对性、代表性地对3D草船借箭、3D密室解密两个游戏项目的设计和开发过程进行详细讲解。通过对这些实战案例的学习，使学生真正达到学以致用。

2. 编写特点

本书在编写过程中以初学者的思考方式，采用单元学习任务模式进行编写，强调理论知识和实践技能相结合，以职业能力为立足点，注重基本技能训练，通过“学习任务”驱动，有利于学生了解完整的 VR 项目开发流程，掌握不同知识点之间的关系，激发学生的学习兴趣，使学生每学习一个单元都能获得成功的快乐，从而帮助其提高学习效率。

本书从应用实战出发，首先将所需掌握的内容以课程前置的形式在学习单元之初展现出来，其次以学习任务的方式将知识点进行拆分，并按知识目标、知识链接和任务实施的形式对知识点进行详细讲解，在每个学习任务的结尾对当前任务进行小结，最后在每个学习单元配有相应的习题练习，使学生在短时间内掌握更多有用的技术和方法，从而使其快速提高技术技能水平。

3. 目标定位

本书是虚拟现实工程技术应用 1+X 证书配套用书，适用于虚拟现实技术、数字媒体技术、计算机科学与技术、软件工程以及机械类、土木类、自动化类、交通运输类、电子信息类等相关专业的老师和学生，也适合游戏爱好者、游戏开发工程师作为项目开发的参考材料。

本书由匡红梅、安晏辉担任主编并负责统稿，参与本书编写的还有张一驰、刘丰、王琮斑。在本书的编写过程中，得到了周明全老师的帮助和大力支持，特此向周老师表示衷心的感谢。

由于编者水平有限，经验不足，书中难免存在疏漏之处，恳请专家、同行及广大使用本书的老师和同学批评、指正。

编　者

2023 年 4 月

教学课件

目　录

学习任务一

2D 迷宫游戏制作

课程前置

1. 认识 Unity 引擎

Unity3D 是由 Unity Technologies 公司开发的一个能让玩家轻松创建诸如三维视频游戏、建筑可视化、实时三维动画等类型互动内容的多平台综合型游戏开发工具，是一个全面整合的专业游戏引擎。

Unity3D 类似于 Director，Blender game engine，Virtools 或 Torque Game Builder 等利用交互的图形化开发环境为首要方式的软件。其编辑器可运行在 Windows、Linux（目前仅支持 Ubuntu 和 Centos 发行版）、macOS X 下，可发布游戏至 Wii、Mac、iPhone、WebGL（需要 HTML5）、Windows、Windows phone 8 和 Android 平台。

使用 Unity 开发的知名游戏有很多，如《明日方舟》《原神》《愤怒的小鸟 AR 版》等。

2. Unity 的诞生与发展

2004 年，Unity 诞生于丹麦的哥本哈根，2005 年发布 Unity 1.0 版本。Unity 1.0 版本是一个轻量级、可扩展的依赖注入容器，有利于穿件松散耦合，这一阶段 Unity 的知名作品很少，但是 Unity 1.0 奠定了之后使用以 macOS 演变而来的 IOS（iPhone OS）的基础。

2009 年 3 月，Unity 2.5 加入了对 Windows 的支持。Unity 2.5 的优点是可以在任一平台建立任何游戏，实现了真正的跨平台。

2009 年 10 月，Unity 2.6 独立版开始免费。Unity 2.6 支持许多外部版本控制系统，例如 Subversion、Perforce、Bazaar，或是其他的 VCS 等。此外，Unity 2.6 与 Visual Studio 完整的一体化也增加了 Unity 自动同步 Visual Studio 项目的源代码，实现所有脚本的解决方案和智能配置。

2010 年 9 月，Unity 3.0 支持多平台。新增加的功能包括：方便编辑桌面左侧的快速启动栏、支持 Ubuntu 12.04、更改桌面主题和在 dash 中隐藏“可下载的软件”类别等。同年 11 月，Unity 推出 Asset Store。

2012 年 2 月，Unity Technologies 发布 Unity 3.5。纵观其发展历程，Unity Technologies 公司一直在快速强化 Unity，Unity 3.5 版提供了大量的新增功能和改进功能。使用 Unity 3.0 或更高版本的用户均可免费升级到 Unity 3.5。

2012 年 11 月，Unity Technologies 发布 Unity 4.0。新引擎不仅加入了 DriectX 11 支持和 Mecanim 动画系统，还增添了 Linux 和 Adobe Flash Player 部署预览功能，这些改进将更有助于开发者制作出高品质的游戏作品。

2013 年 11 月，Unity Technologies 发布 Unity 4.3，全球发布 2D 工具，原生支持 2D 开发。

2014 年 11 月，Unity Technologies 发布 Uniy 4.6，加入了新的 UI 系统，Unity 开发者可以使用基于 UI 框架和视觉工具的 Unity 强大的新组件来设计游戏或应用程序。

2015 年 3 月，Unity Technologies 发布 Unity 5.0。Unity 5.0 实现了实时全局光照，加入了对 WebGL 的支持，实现了完全的多线程。

2017 年，Unity 2017 发布。Unity 2017.1 为艺术家和设计师提供了全新的工具，使用 Timeline、Cinemachine 和 Post-processing 工具，可以创造令人惊叹的影视内容，合成精美相机镜头，更好地描绘视觉故事。

2020 年 7 月，Unity 年度首个 TECH Stream 版本 Unity 2020.1 上线。Unity 2020.1 包括一系列新功能和新改进，让引擎的工作流更为简单易懂，创作生产力更高，适合想要尝试新技术的开发者。

3. Unity 的特色

1) 综合编辑

Unity 简单的用户界面是层级式的综合开发环境，具备视觉化编辑、详细的属性编辑器和动态的游戏预览特性。由于其强大的综合编辑特性，因此，Unity 也被用来快速制作游戏或者开发游戏原型。

2) 图像引擎

Unity 的图像引擎使用的是 Direct3D(Windows)、OpenGL(Mac, Windows)和自有的 APIs (Wii)，可以支持 Bump mapping、Reflection mapping、Parallax mapping、Screen Space Ambient Occlusion、动态阴影所使用的 Shadow Map 技术与 Render-to-texutre 和全屏 Post Processing 效果。

3) 物理特效

物理引擎是一个计算机程序模拟牛顿力学模型，通过使用质量、速度、摩擦力和空气阻力等变量，用来预测各种不同情况下的效果。Unity 内置 NVIDIA 强大的 PhysX 物理引擎，可以方便、准确地开发出所需要的物理特效。

PhysX 可以由 CPU 计算，但其程序本身在设计上还可以调用独立的浮点处理器(如 GPU 和 PPU)来计算，也正因如此，它可以轻松完成像流体力学模拟那样大计算量的物理模拟计算。另外，PhysX 物理引擎还可以在包括 Windows、Linux、Xbox360、Playstation3、Mac、Android 等在内的全平台上运行。

4) 音频和视频

音效系统基于 OpenAL 程式库，可以播放 Ogg Vorbis 的压缩音效，视频播放采用 Theora 编码，并支持实时三维图形混合音频流和视频流。

OpenAL 主要的功能是在来源物体、音效缓冲和收听者中编码。来源物体包含一个指向缓冲区的指标、声音的速度、位置和方向，以及声音强度。收听者物体包含收听者的速度、位置和方向，以及全部声音的整体增益。缓冲里包含 8 或 16 位元、单声道或立体声

PCM格式的音效资料，表现引擎进行所有必要的计算，如距离衰减、多普勒效应等。

5）地形编辑器

Unity内建强大的地形编辑器，不仅支持地形创建和树木与植被贴片，而且支持水面特效，尤其是低端硬件也可流畅运行广阔茂盛的植被景观。

6）着色器

Shaders编写使用ShaderLab语言，同时支持自有工作流中的编程方式或Cg. GLSL语言编写的Shader。Shaders对于游戏画面的控制力就好比在PhotoShop中编辑图片一样，可以营造出各种美观惊人的照片，因此，Shaders对游戏画面的价值显得尤为重要。

7）脚本

游戏脚本为基于Mono的Mono脚本，是一个基于. NET Framework的开源语言，支持C#的脚本编写方式。

4. 安装Unity引擎

2D迷宫
课前准备

本书主要以Unity2021. 3. 5f1c1 LTS版本进行编写。具体步骤如下。

(1) 首先进入Unity的官方网站https://unity. cn/(以前是http://unity3d. com/)，然后单击页面右上角蓝色按钮“下载Unity”，进入Unity下载界面。Unity集成开发环境分为个人版和专业版，开发人员根据自身需求进行选择，如图1-1所示。

图1-1　Unity下载界面

(2) Unity5. 0版本后，个人版的Unity集成开发环境提供免费下载，与专业版的Unity集成开发环境大致相同，适合独立开发人员及初学者使用。本书将以个人版的下载和安装为准。与以往下载不同，Unity为了更好地管理每个版本的Unity，提供了UnityHub进行Unity编辑的管理，所以首先进行UnityHub的下载。在Unity下载界面中单击绿色按钮“下载UnityHub”，如图1-2所示，弹出如图1-3所示的下载提示，根据计算机的系统下载Unity，本书选择Windows下载。

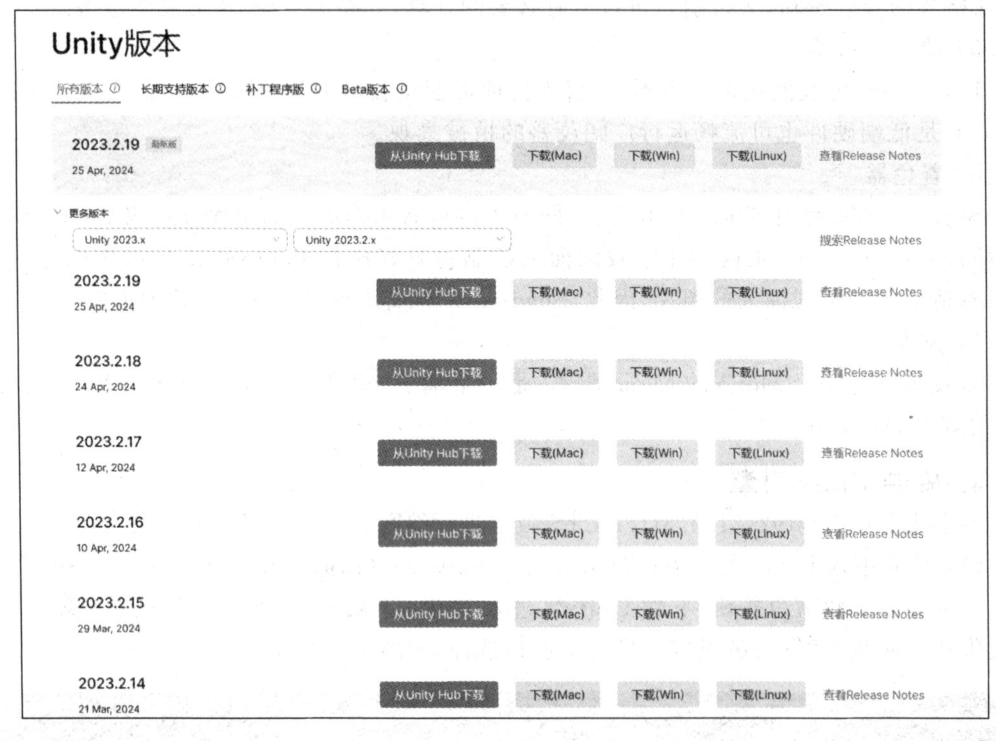

图 1-2　Unity 版本选择界面

图 1-3　选择软件系统版本

(3) 单击“Windows 下载”按钮后显示 Unity 账号登录界面，如图 1-4 所示。在此界面单击“创建 UnityID”按钮，进入 Unity 账号创建界面，如图 1-5 所示，根据提示完成 Unity 账号的创建，此处需要绑定一个电子邮箱，同时 Unity 也支持手机号绑定后登录、微信登录等方式。

(4) 注册完成后登录 Unity 账号，待账号登录成功后重新单击图 1-3 中的“Windows 下载”按钮，下载 UnityHubSetup. exe 文件，双击此安装程序，根据提示要求完成 UnityHub 的安装。

团结引擎 创世版
正式开放下载
登录Unity ID
没有Unity ID？去注册
邮箱登录　短信登录
邮箱　请输入邮箱
密码　请输入密码
记住密码　没有收到激活邮件？忘记密码
登录
其他方式登录

图 1-4　账号登录界面

图 1-5　创建账号界面

(5) 安装完成后，双击桌面上的 UnityHub 图标，单击界面左侧“安装”按钮后，弹出安装界面(图 1-6)，之后单击此界面右上角的蓝色按钮“安装编辑器”，选择对应版本 Unity 进行下载(图 1-7)。

图 1-6 安装 Unity 编辑器

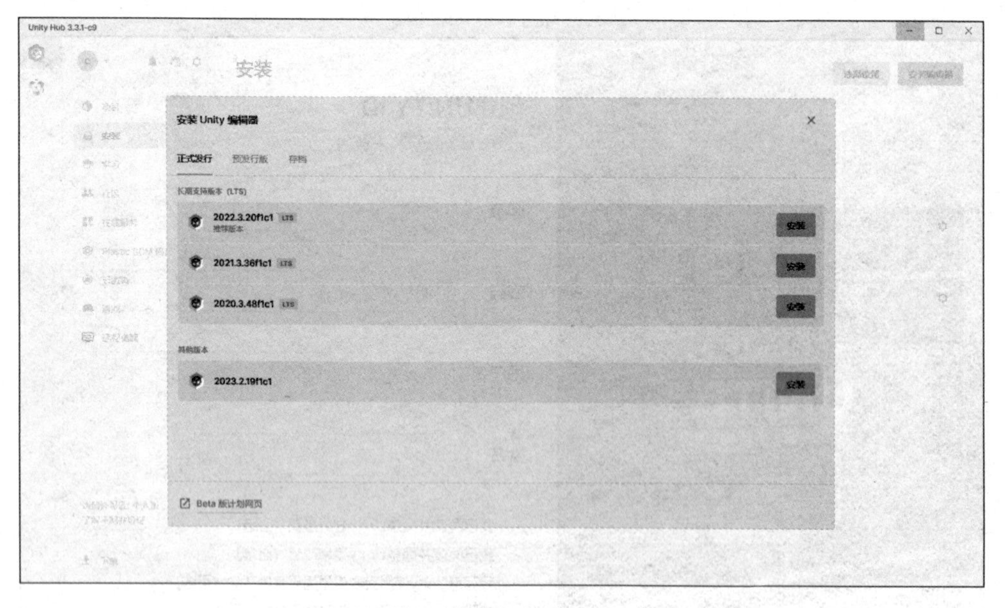

图 1-7 选择安装版本

(6) Unity 下载结束后，需要激活新的许可证，单击安装界面的“设置图标”(齿轮)，进入“偏好设置”界面，单击许可证及界面右上角蓝色按钮“添加”进行许可证添加操作(图 1-8)。

(7) 激活许可证有三种方式，分别为“通过序列号激活”“通过许可证请求激活”“获取免费的个人版许可证”，本书选择“获取免费的个人版许可证”的方式获得许可证(图 1-9)。单

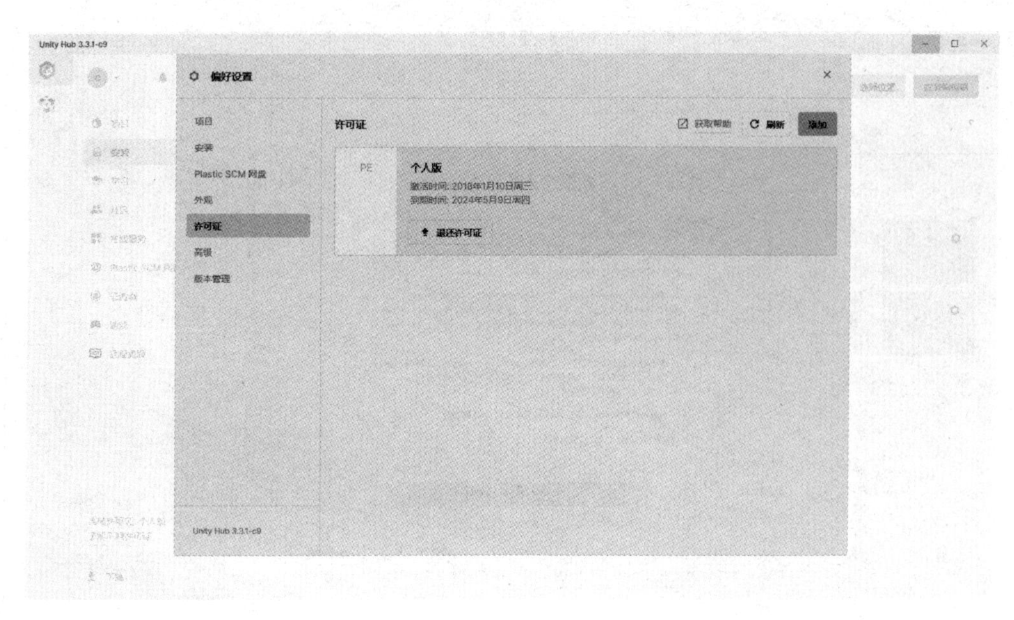

图 1-8　许可证界面

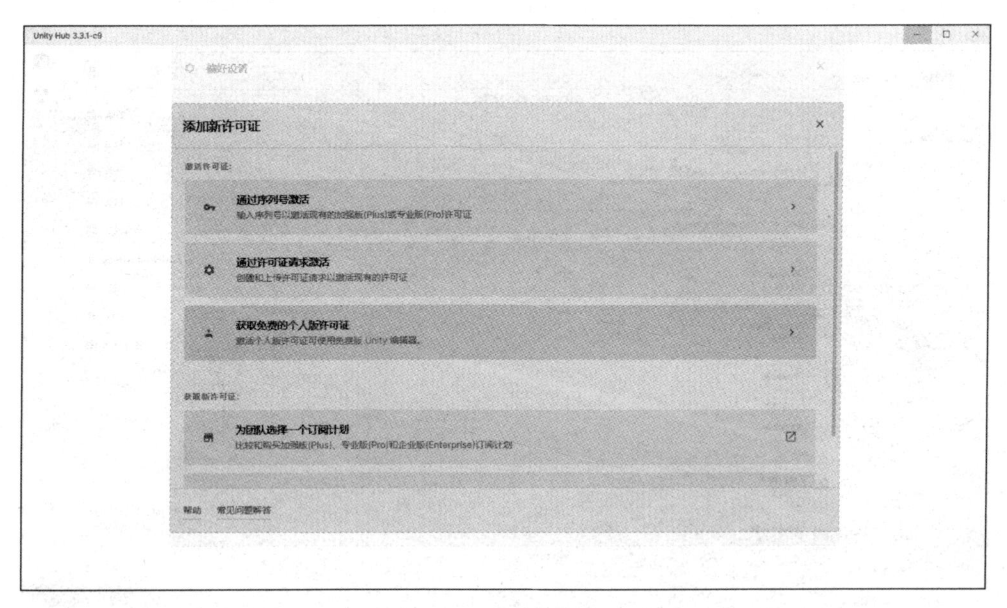

图 1-9　添加许可证

击此选项弹出图 1-10 所示界面，在此界面单击蓝色按钮“同意并取得个人版授权”，完成个人版许可证的获取。个人版许可证获取后可免费使用 Unity 软件一段时间，若时间到期，可重复此操作再次获取许可证。

5. 熟悉 Unity 引擎开发环境的整体布局

在熟悉 Unity 开发环境的整体布局之前，先来创建我们的第一个 Unity 项目(图 1-11)。在“项目名称”下输入项目的名称，Unity 虽然支持中文，但是我们在创建项目时还是要将创建的项目名称设置为英文，这样会减少一些不必要的麻烦。在“位置”下选择项目保存的位

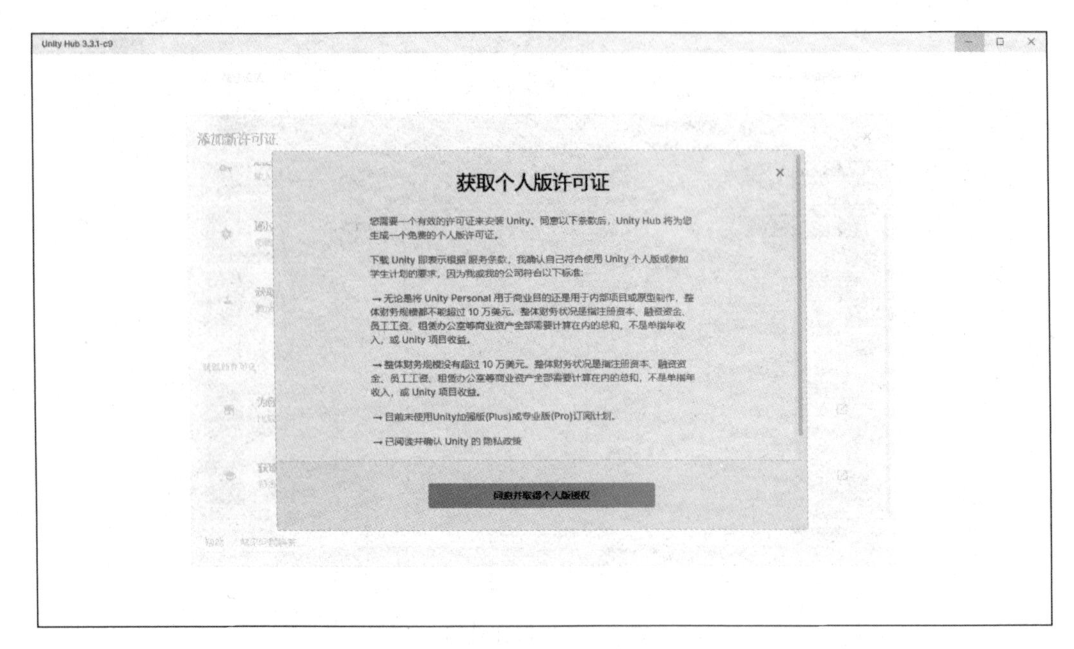

图 1-10　获取个人版许可证

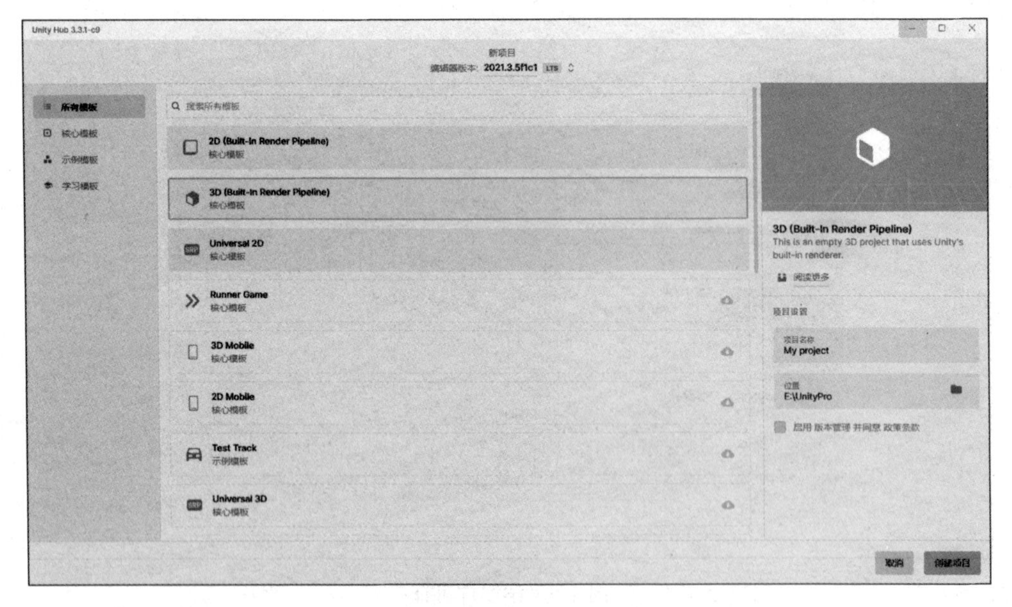

图 1-11　创建 Unity 项目

置，建议将项目创建在有足够盘符空间的磁盘下，项目路径为英文。Template 选择项目是以 3D 模板创建还是 2D 核心模板创建，这里默认选择 3D 核心模板。将上述几个位置的名称、路径修改好后，单击“创建项目”按钮，创建我们的第一个 Unity 项目。

Unity 集成开发环境的整体布局包含菜单栏、工具栏、游戏组成对象列表面板、场景设计面板、游戏预览面板、属性查看器面板、项目资源列表，如图 1-12 所示。所有带标签的窗口都带有一个名为 Windows Options(窗口选项)的下拉框，该框的显示方式是，将鼠标指针悬停到对应的标签上右击即可显示下拉列表，如图 1-13 所示。在这个下拉列表中，可以选择将当前标签所指的视图窗口最大化，或者关闭当前显示的标签视图，或是在这个窗口中添加另一个带标签的视图。单击工具栏最右方的菜单，可以选择或者保存习惯用的布局，如图 1-14 所示。

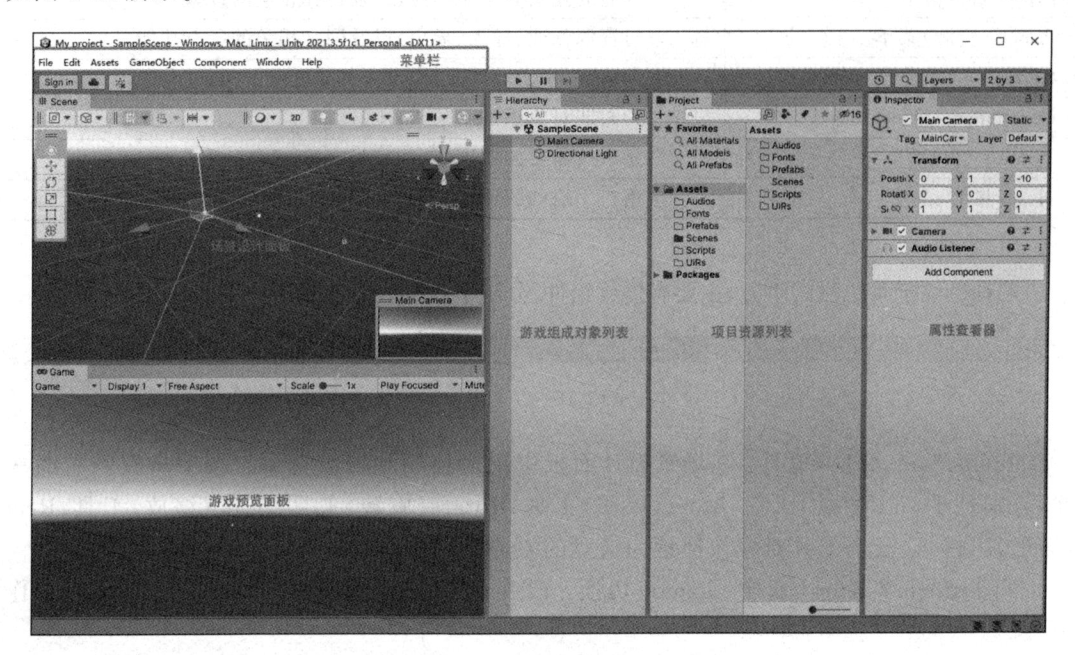

图 1-12　Unity 编辑器界面布局

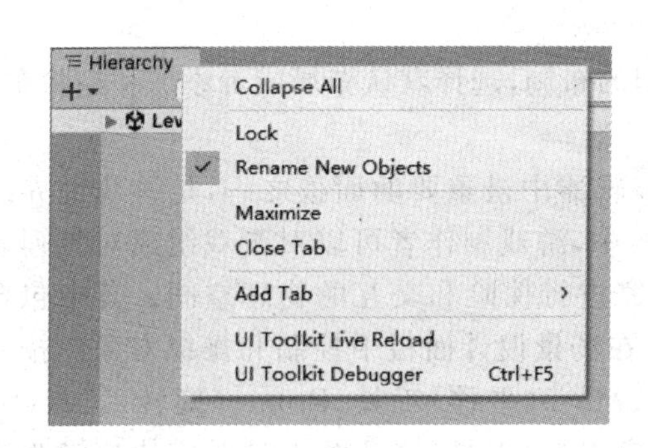

图 1-13　下拉列表

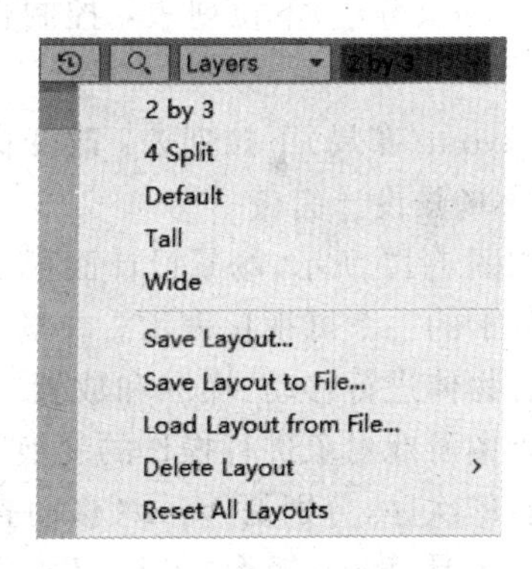

图 1-14　布局设置

1）菜单栏

菜单栏中包含 File、Edit、Assets、GameObject、Component、Window 和 Help 菜单，如图 1-15 所示。每个菜单下还有子菜单，使用者可以根据需要选择不同的菜单，实现所需要的功能。表 1-1 为 Unity 菜单栏的主要说明。

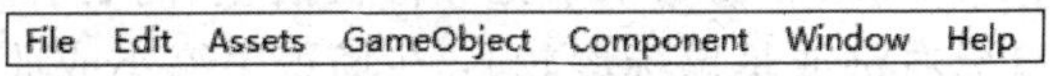

File　Edit　Assets　GameObject　Component　Window　Help

图 1-15　菜单栏

表 1-1 菜单栏参数名及含义

参 数 名	含 义
File(文件)菜单	打开和保存场景、项目的设置、打包等
Edit(编辑)菜单	普通的复制和粘贴功能,以及选择相应的设置
Assets(资源)菜单	与资源创建、导入、导出,以及同步相关的所有功能
GameObject(游戏对象)菜单	创建、显示游戏对象,以及为其建立父子关系
Component(组件)菜单	为游戏对象添加新的组件或属性
Window(窗口)菜单	显示所需要的视图(例如,Lighting 或 Animator)
Help(帮助)菜单	用户手册(默认显示当前安装的 Unity 版本)、社区论坛

2) 工具栏

工具栏位于菜单栏的下方,主要有播放组件、分层下拉列表和布局下拉列表,如图 1-16 所示。

图 1-16 工具栏

Transform(变换)工具:在场景设计面板中用来控制和操纵对象。按照从左到右的次序,分别是 Hand(移动)工具、Move(平移)工具、Rotate(旋转)工具、Scale(缩放)工具、Rect(矩形)工具,这五个工具对应快捷键为键盘的 Q、W、E、R、T 键。

Transform Gizmo(变换 Gizmo)切换:改变场景设计面板中 Translate 工具的工作方式。

Play(播放)组件:用来在 Unity 编辑器内开始或者暂停或者逐步运行游戏。

Layers(分层)下拉列表:控制任何给定时刻在场景设计面板中显示或者锁定特定的对象。

Layout(布局)下拉列表:改变窗口和视图的布局,选择默认布局或者添加和删除布局。

3) 场景设计面板

如图 1-17 所示,场景设计面板是 Unity 编辑器中最重要的面板之一,是游戏世界或是游戏关卡的一个可视化表示。在场景设计面板中,游戏制作者可以对游戏组成对象列表中的所有物体进行移动、操纵和放置,创建供玩家进行探险和交互的物理空间。其中包含了对场景中游戏对象进行操作的变换工具,用于在场景设计面板中控制和操纵对象。按照从左到右的次序,分别是 View(移动查看)工具、Move(平移)工具、Rotate(旋转)工具、Scale(缩放)工具、Rect(矩形)工具、Transform(变换工具)工具,这几个工具对应快捷键为键盘的 Q、W、E、R、T、Y 键。

场景设计面板还包含一个名为 Persp 的特殊工具,如图 1-18 所示,这一特殊工具可以使开发人员迅速地切换观察场景的角度。单击 Persp 上的每个箭头都会改变观察场景的角度,使其沿着一个不同的正交或是二维方向变换,还可以通过快捷键对场景进行操作。

Tumble(旋转,Alt+鼠标左键):摄像机会以任意轴为中心进行旋转,从而旋转视图。

Track(移动,Alt+鼠标中键):在场景中把摄像机向左、向右、向上和向下移动。

Zoom(缩放,Alt+鼠标右键或是鼠标滚轮):在场景中缩小或放大摄像机视角。

Flythrough(穿越)模式(鼠标右键+键盘 W、S、A、D 键):摄像机会进入"第一人称"模式,游戏制作者可以在场景中迅速地移动和缩放,按下键盘 Shift 键,还可以加速场景中的

图 1-17 场景设计面板

图 1-18 Persp 工具

移动速度。

Center(居中,选择游戏对象并按 F 键):摄像机会放大并把选中的对象居中显示在视野中。鼠标指针必须位于场景设计面板中,而不是在游戏组成对象列表中的对象上方。

4) 游戏预览面板

在游戏预览面板中,任何时候都使用这个视图在编辑器内测试或者试玩游戏。这里有几个常用的工具,如图 1-19 所示。

Free Aspect:任意显示比例下拉列表,允许游戏预览面板填满当前窗口中所有可用的空间,而其他的选项会模拟最常见的显示器的分辨率和比例。当需要为不同大小的屏幕制作 GUI 时,这会非常方便。

Maximize on Play:最大化窗口。在单击播放按钮后,游戏预览窗口扩大到编辑器视图

图 1-19　游戏预览面板

的整个区域。

Gizmos：可以切换游戏中绘制和渲染的所有工具。游戏制作者在制作游戏时可能使用一些定制的工具来表示游戏中一个特定的区域，并且游戏制作者可能总想精确地看到这个区域的边界在哪里，即使是在游戏进行时。

Stats：渲染数据，显示游戏运行过程中各个方面的渲染数据，比如帧速率（Frame Per Second，FPS），这代表了游戏是否运行流畅。

5）游戏组成对象列表及属性查看器

游戏组成对象列表中展示的是那些真正会在当前场景中用到的对象，选择游戏组成对象列表中的任意一个游戏对象，在属性查看器中均可显示该游戏对象所具有的属性，如图 1-20 所示。

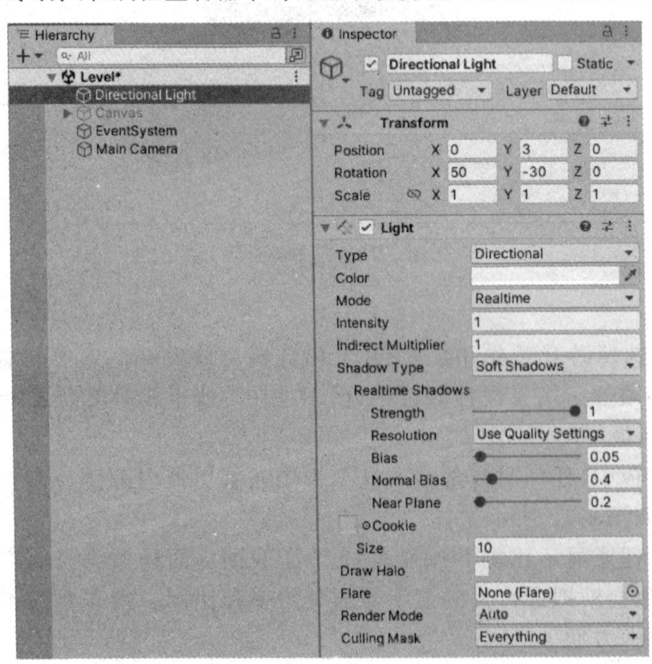

图 1-20　游戏组成对象列表及属性查看器

6）项目资源列表

项目资源列表中列出了当前项目中的所有文件，主要包含脚本、模型、场景、音频、图片等文件，并且这些文件都组织到一个 Project 文件夹中，每个 Project 文件夹都会包含一个 Assets(游戏资源)文件夹。Assets 文件夹包含游戏制作者所创建的对象或导入的资源，包括预制体、模型、贴图、脚本、摄像机、关卡等，如图 1-21 所示，项目资源列表显示了这个 Project 文件夹及其所包含的 Assets 文件夹。

图 1-21 项目资源列表

6. 认识 Unity 脚本

1）Unity3D 中的引用类型

(1) UnityEngine. Object 类。在 Unity3D 的脚本系统中，Unity 使用命名空间 UnityEngine 来盛放 Unity3D 定义的类型。其中，UnityEngine. Object 类是最基本的类，是 Unity3D 中所有对象的基类，所有派生自 UnityEngine. Object 类的公共变量都会被显示在属性查看器面板中，可通过在脚本内部或者编辑器属性查看器面板上来修改这些变量的数值。

(2) UnityEngine. Component 类。UnityEngine. Component 类派生自 UnityEngine. Object 类，它是所有能添加到游戏对象 GameObject 上组件 Component 的基类。

(3) UnityEngine. Behaviour 类。UnityEngine. Behaviour 类继承自 UnityEngine. Component 类，是一个可以启用或者禁用的组件。

UnityEngine. Behaviour 类提供的类成员如下。

enable：启用状态下，会执行每帧的更新，禁用状态不会被执行。

isActiveAndEnable：表示当前 Behaviour 是否被启用。

(4) MonoBehaviour 类。UnityEngine. MonoBehaviour 继承自 UnityEngine. Behaviour 类。在 Unity 3D 游戏引擎中，UnityEngine. MonoBehaviour 类是所有 Unity3D 脚本的基类，通常我们将脚本挂载在游戏对象列表中的某个游戏对象上，在游戏运行时，这些脚本就会发生作用，因此我们也将 UnityEngine. MonoBehaviour 类叫作运行时类。在开发脚本时，UnityEngine. MonoBehaviour 类提供了很多我们经常使用的回调方法，我们主要的工作就是重写这些方法。

Unity3D 中的回调方法有以下三种。

Start 方法：游戏场景加载时被调用，在该方法中可以写一些游戏场景初始化之类的代码。

Update 方法：在每一帧渲染之前被调用，除了物理部分的代码，大部分游戏代码在这里执行。

FixedUpdate 方法：在固定的物理时间步调调用一次，基本物理行为代码执行的地方，如刚体 Rigidbody,其中代码的执行和游戏的帧速率无关。

2) Unity 中的 C#脚本

(1) 继承自 MonoBehaviour 类无法使用 new 关键字进行实例化。需要注意的是,在C#中使用 new 操作符来实例化引用类型,但是在 Unity3D 中编写脚本时,凡是继承自 MonoBehaviour 类的类型包括 MonoBehaviour 本身都无法使用 new 关键字来进行实例化。在 Unity3D 中,我们可以通过将脚本以组件的形式挂载在游戏对象上,来实现创建类型对象的目的。不需要继承自 MonoBehaviour 类的类型,是可以通过 new 操作符实例化的。

(2) 类名字必须匹配文件名。C#脚本的类名需要手动编写,并且类名要与脚本文件名称一致,否则将会在控制台上报错,导致脚本无法使用时也不能将脚本文件挂载在游戏对象上。

(3) 只有满足特定情况的变量才能显示在属性查看器中。类中的成员变量可以使用访问修饰符 private、protected 和 public 进行修饰。Unity 会自动将 public 变量序列化。序列化是指将对象实例的状态存储到存储媒介的过程,即再次读取 Unity 时序列化的变量是有值的,不需要用户再次去赋值,因为它已经被保存下来。

什么样的值会被显示在面板上呢?答案是已经被序列化,但是未被[HideInInspector]标记的值。如果想在 Unity 编辑器的属性查看器中显示,需要是 public 类型的或者使用特性[SerializeField]在属性查看器中显示,[SerializeField]表示将原本不会被序列化的私有变量和保护变量变成可以被序列化的,那么它们在下次读取的值就是上次赋值的值。

(4) 尽量避免使用构造函数。不要在构造函数中初始化任何变量,MonoBehaviour 派生出来的类会作为 Unity3D 中的 Component 挂载在 GameObject 上,而 GameObject 会在编辑器的多个地方被显示,如场景编辑器内、Prefab 选中时等,这时都需要调用它们的构造函数来初始化成员变量的默认值,以便在编辑器中显示它们。也就是说,构造函数不仅在游戏运行时会被调用,即使是在编辑模式中 Unity 也自动调用构造函数,这通常发生在一个脚本被编译之后,因为需要调用构造函数来取一个脚本的默认值。构造函数不仅会在无法预料的时刻被调用,它也会被预设或未激活的游戏物体调用。所以,C#用于初始化的脚本代码必须置于 Awake 或 Start 方法中。

7. Unity 事件函数与执行顺序

Reset:在编辑状态下脚本被挂到游戏对象上时被调用,例如不运行程序,在脚本挂到游戏对象的一瞬间被调用,或者单击“重置”按钮时被调用。

Awake:在运行状态下被执行,只要游戏对象被激活,不管脚本是否被激活都可以被调用。

OnEnable:在脚本激活时被调用,如果脚本是不可用的,将不会被调用。

OnDisable:脚本被禁用时调用。

OnMouseEnter:当鼠标指针进入物体上方法被调用。

OnMouseOver:当鼠标指针停留在物体上时方法被调用。

OnMouseDown:当在物体上单击时被调用。

OnMouseUp:当在物体上单击后抬起按键时被调用。

OnMouseExit:当鼠标指针离开物体时方法被调用。

Unity 事件函数执行的先后顺序如图 1-22 所示。

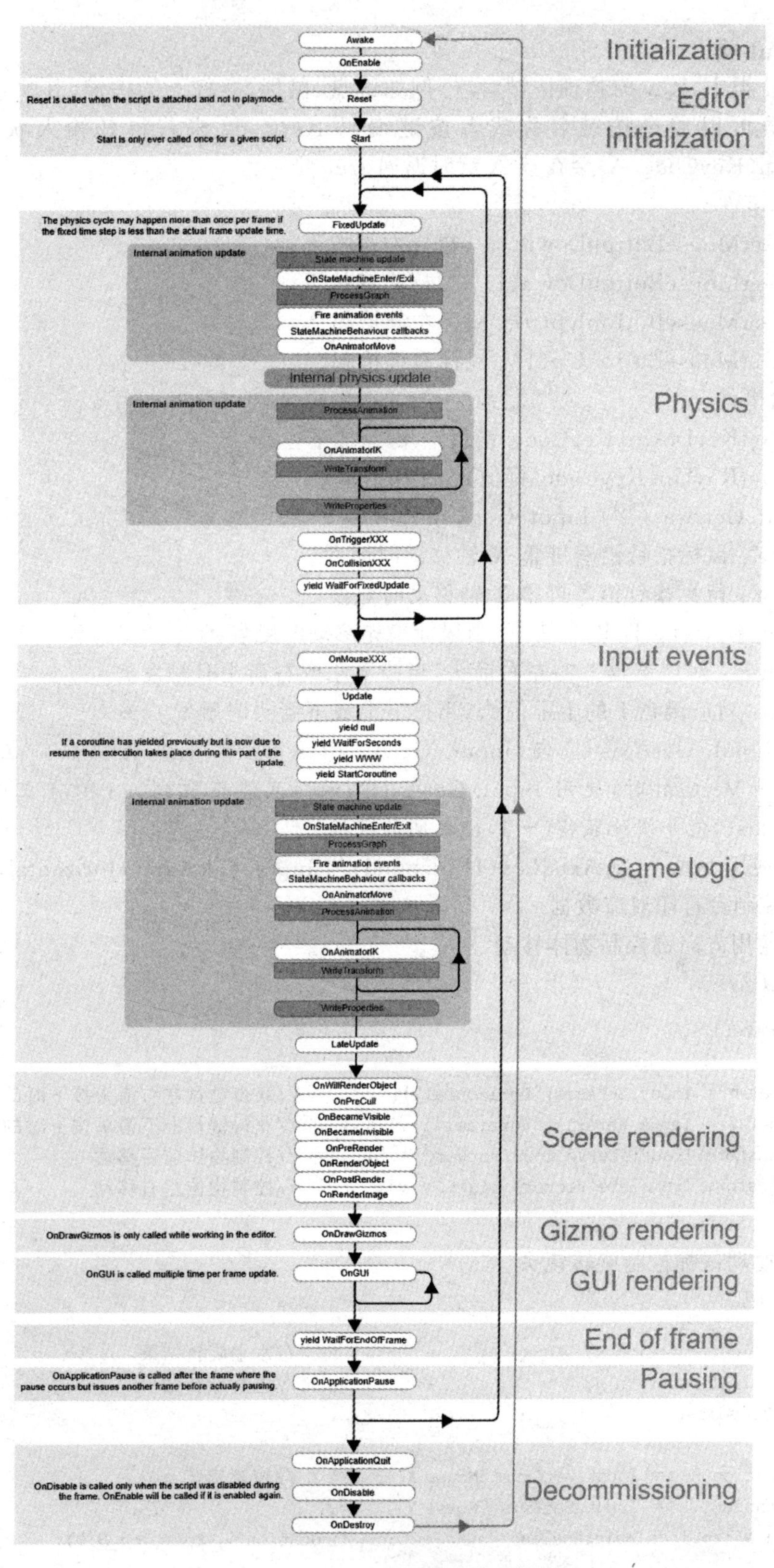

图 1-22　Unity 事件函数与执行顺序

8. Input 类

在 Input 类中，Key 与物理按键对应，例如键盘、鼠标、摇杆上的按键，其映射关系无法改变，程序员可以通过按键名称或者按键编码 KeyCode 来获得其输入状态。例如，GetKeyDown(KeyCode.A)会在按 A 键时返回 true。

1) 鼠标事件

Input.GetMouseButtonDown(0)：鼠标左键按下。

Input.GetMouseButtonDown(1)：鼠标右键按下。

Input.GetMouseButtonUp(0)：鼠标左键抬起。

Input.GetMouseButtonUp(1)：鼠标右键抬起。

2) 键盘事件

Input.GetKeyDown(KeyCode.键值)：键盘按下。

Input.GetKeyUp(KeyCode.键值)：键盘抬起。

3) Input.GetAxis()与 Input.GetAxisRaw()

Mouse X：鼠标指针沿着屏幕 *X* 轴移动时触发。

Mouse Y：鼠标指针沿着屏幕 *Y* 轴移动时触发。

Mouse ScrollWheel：键盘按下，当鼠标滚轮滚动时触发。

Horizontal：对应键盘上的左右箭头，当按下左或右箭头时触发。

Vertical：对应键盘上的上下箭头，当按下上或下箭头时触发。

注意：Input.GetAxis()与 Input.GetAxisRaw()都可以获取轴。在使用参数 Horizontal 和 Vertical 时，使用 Input.GetAxisRaw()只能获取到−1,0,1 三个数据。而 Input.GetAxis()能平滑地获得[−1,1]之间的数据。

练习：使用 Input.GetAxisRaw(Horizontal)与 Input.GetAxis(Horizontal)，按下方向键上、下在控制台打印对应数据。

例 1：使用方向键控制物体移动

相关代码：

```
void Update()
{
    float h = Input.GetAxis("Horizontal");          //获得键盘左右箭头按下时的值
    float v = Input.GetAxis("Vertical");            //获得键盘上下箭头按下时的值
    transform.Translate(Vector3.forward * h);       //控制物体前后移动
    transform.Translate(Vector3.right * v);         //控制物体左右移动
}
```

例 2：拖动鼠标控制旋转镜头

相关代码：

```
private float rotation_H;                           //水平旋转结果
private float rotation_V;                           //垂直旋转结果
void LateUpdate()
{
    rotation_H += Input.GetAxis("Mouse X");         //控制旋转
    rotation_V += Input.GetAxis("Mouse Y");
    transform.localEulerAngles = new Vector3(-rotation_V, rotation_H,0);
}
```

本章知识结构

本章知识结构如图 1-23 所示。

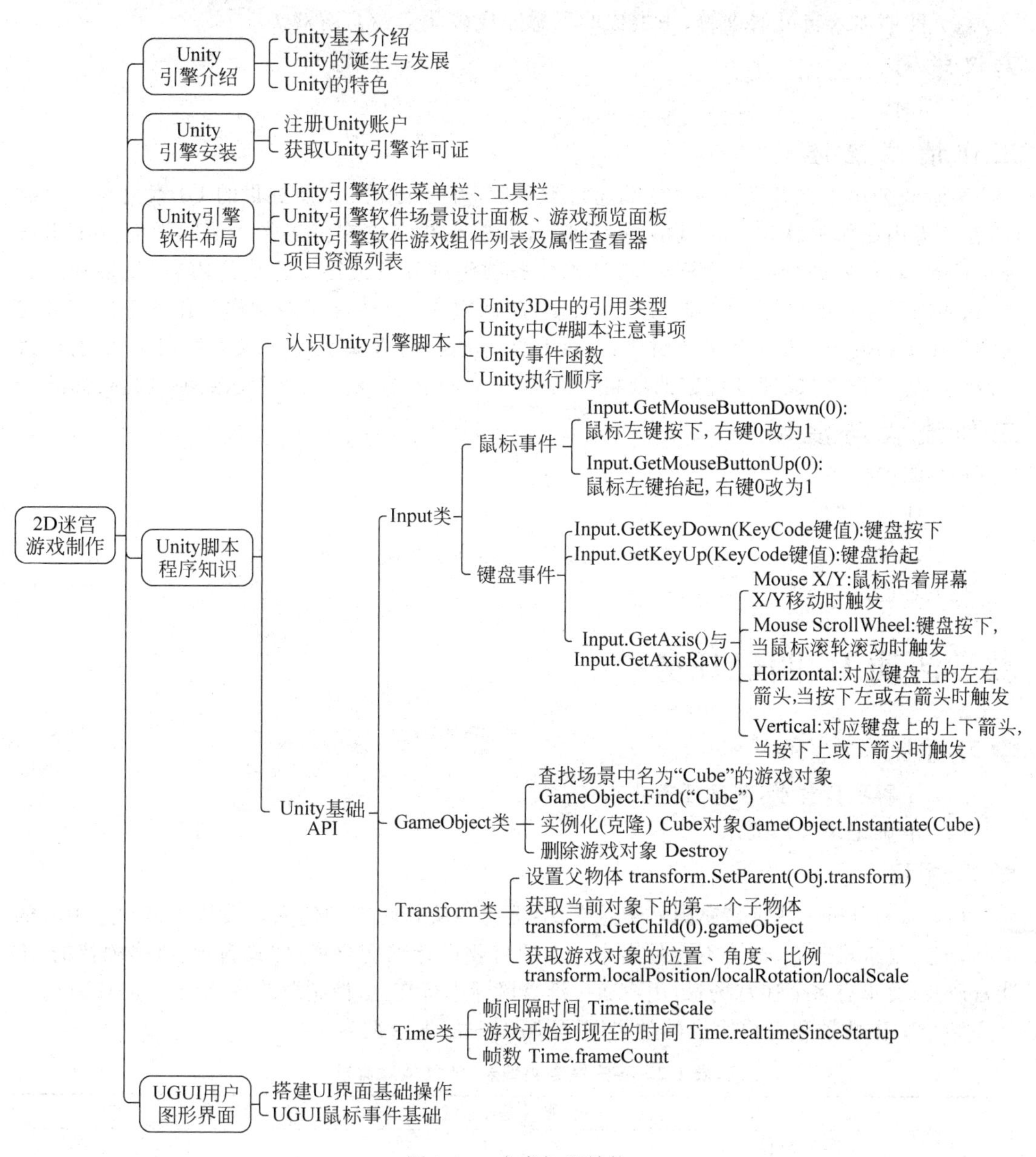

图 1-23　本章知识结构

完成本学习任务后，学生应当能够：

(1) 下载并安装 Unity 引擎；

(2) 熟悉 Unity 引擎的常用快捷操作；

(3) 掌握 Unity 引擎基础的 API；

(4) 能够根据效果图，熟练运用 UGUI 进行界面的搭建；

(5) 熟悉游戏的开发过程，包含项目的需求分析、项目的策划、资源的制作与整合、场景的搭建、界面的布局、功能代码的编写、程序调优、程序的发布、程序的测试几个重要阶段；

(6) 能够熟练地掌握发布方法，对照策划与用户的需求进行功能性测试；

(7) 以《2D迷宫游戏》为任务，完成迷宫游戏的实现；

(8) 能够加入自己的理解，用类比的思想完成多关卡迷宫游戏。

建议学时

12学时。

工作情景描述

某游戏公司正在开发一款PC端迷宫类游戏，需要根据美工所提供的UI素材与用户需求，在2天内制作一款×××风格的2D迷宫类游戏并完成交付工作。请同学们分小组接受该任务，对任务进行深入分析解读，明确任务制作过程及最终要完成的内容、效果和质量要求，明确任务的主题与方向，制订工作计划，明确完成2D迷宫游戏制作工作任务所需的时间和工作步骤流程。整理相关素材资料，熟悉游戏玩法，合理编写代码、美化游戏界面，有序进行设计实施工作，完成任务规定的项目产品——2D迷宫游戏。完成后达到项目验收标准。

工作流程与活动

(1) 明确任务；

(2) 任务实施；

(3) 评价；

(4) 总结。

教学活动1：明确任务

学习目标

(1) 了解项目背景，明确任务要求。

(2) 准确记录客户要求。

学习过程

(1) 需求分析。迷宫是充满复杂通道，很难找到从其内部到达入口或从入口到达中心的道路，道路复杂难辨，人进去不容易出来。本项目要设计难度合理、样式新颖、风格独特的2D迷宫游戏，要求有多个迷宫场景，用户通过键盘鼠标进行交互，控制游戏角色抵达迷宫终点。

结合工作情景和客户提供的效果图，填写客户需求明细表1-2。

表1-2 客户需求明细表(注意功能需求)

一、项目基本信息	
客户单位	
项目名称	
项目周期	
二、项目需求描述	
项目概述	
资源情况	
特殊要求	

(2) 结合客户提供的效果图,设计迷宫场景,在下方方框中写出项目的制作思路,确认整个项目所需要用到的引擎功能。

(3) 根据策划需求对游戏主界面、游戏界面截取效果图。

(4) 通过整理用户需求及技术要求,在下方方框中写出游戏玩法的流程图。

(5) 根据任务要求,在完成任务后,需要提供给客户的成果包含哪些?

教学活动2:任务实施

一、任务准备

学习目标

(1) 了解客户需求,制订开发计划。

(2) 明确开发过程中需要用到的软件及工具方法。

(3) 开放前美术资源的准备与调优。

(4) 熟悉引擎的主要功能、引擎常用界面、操作及函数生命周期。

学习过程

1）熟悉 Unity 界面布局

2）简答题

（1）Unity 中 Start、Update 函数的作用是什么？

（2）什么是帧？游戏卡顿的原因是什么？

（3）什么是生命周期函数？

（4）生命周期函数有哪些？这些函数的作用是什么？调用顺序是什么？

3）单项选择题

（1）Unity 软件主要功能是（　　）。

A. 创建三维模型，输出图像和视频动画

B. 包括图形、声音、物理等功能的游戏引擎

C. 服务器操作系统

D. 查杀病毒

（2）如果某 GameObject 有一个名为 MyScript 的脚本，该脚本中有一个名为 DoSomething 的函数，则如何在该 GameObject 的另一个脚本中调用该函数？（　　）

A. GetComponent < MyScript >(). DoSomething()

B. GetComponent < Script >("MyScirpt"). DoSomething()

C. GetComponent < MyScript >(). Call("DoSomething")

D. GetComponent < Script >("MySript"). Call("DoSomething")

（3）在 Unity 中，（　　）窗口用来显示 Unity 生成的错误、警告和其他消息。

A. Console　　B. Game　　C. Scene　　D. Inspector

（4）（　　）组件是任何 Game Object 必备的组件。

A. Mesh Renderer　　B. Transform

C. Game Object　　D. Main Camera

（5）在 Unity 中，（　　）视图是 Unity 最常用的视图之一，不仅可以用来构造游戏场景，用户还可以在这个视图中对游戏对象进行各种操作。

A. Console　　B. Game　　C. Scene　　D. Inspector

（6）下列选项中，关于 Transform 组件的 Scale 参数描述正确的是（　　）。

A. Transform 组件的 Scale 参数不会影响 ParticleSystem 产生粒子的大小

B. Transform 组件的 Scale 参数不会影响 GUITexture 的大小

C. 添加 Collider 组件后的 GameoObject，其 Collider 组件的尺寸不受 Transform 组件中 Scale 参数的影响

D. 添加 Rigidbody 组件后的物体，大小将不再受 Transform 组件中 Scale 参数的影响

（7）下列（　　）函数不属于碰撞事件。

A. OnCollisionEnter　　B. OnCollisionExit

C. OnCollisionUpdate　　D. OnCollisionStay

（8）在 Unity 中，（　　）面板是显示游戏最终运行效果的预览窗口。

A. Console　　B. Game　　C. Scene　　D. Assets

（9）Unity 脚本中，GetComponent()函数的作用是（　　）。

A. 调用游戏对象

B. 调用游戏方法

C. 调用资源对象

D. 调用 Component 函数来获取 GameObject 上的组件

（10）物体发生碰撞的必要条件是（　　）。

A. 两个物体都有刚体

B. 两个物体都有碰撞器

C. 一个物体有刚体，一个物体有碰撞器

D. 两个物体都有碰撞器，其中一个有刚体

二、计划与决策

学习目标

（1）能够根据客户要求，制订合理可行的工作计划。

（2）在小组人员分工过程中，能够考虑到个人性格特点与个人技能水平。

（3）能够独立完成 2D 迷宫游戏的制作。

（4）能够按照有关规范、标准进行代码的编写。

学习过程

（1）填写任务实施计划表 1-3。

表 1-3　任务实施计划表

日　期	完成任务项目内容	计划使用课时数	实际使用课时数	备　　注
合　计				

(2) 结合你的小组成员，填写项目小组人员职责分配表 1-4。

表 1-4 项目小组人员职责分配表

项目名称： 项目编号：

序号	成员姓名	项目职责说明	备注

(3) 根据所制订的计划，填写材料清单(表 1-5)。

表 1-5 材料清单

项目	序号	仪器设备名称	规格型号	单位	数量	备注
硬件设备	1					
	2					
	3					
	4					
	5					
软件环境	1					
	2					
	3					
	4					
	5					
素材资源	1					
	2					
	3					
	4					
	5					

三、项目制作

学习目标

(1) 能够根据工作计划，正确进行 2D 迷宫游戏制作。

(2) 能够通过组间讨论、复查资料等手段，解决项目开发过程中发现的问题。

(3) 能够在软件出现报错时分析问题原因，解决问题。

(4) 项目实施后，能按照管理规定清理现场。

2D 迷宫项目素材包

学习过程

1) 创建项目

(1) 根据游戏名称创建项目，命名为 2DMaze，如图 1-24 所示。

(2) 在 Assets 文件夹中右击，依次选择 Create→Folder，如图 1-25 所示，创建 Scripts、Scenes、Fonts、Prefabs、Audios、UIRs 文件夹用于分类存放脚本、场景、字体、预制体、音频、图片等文件，如图 1-26 所示。

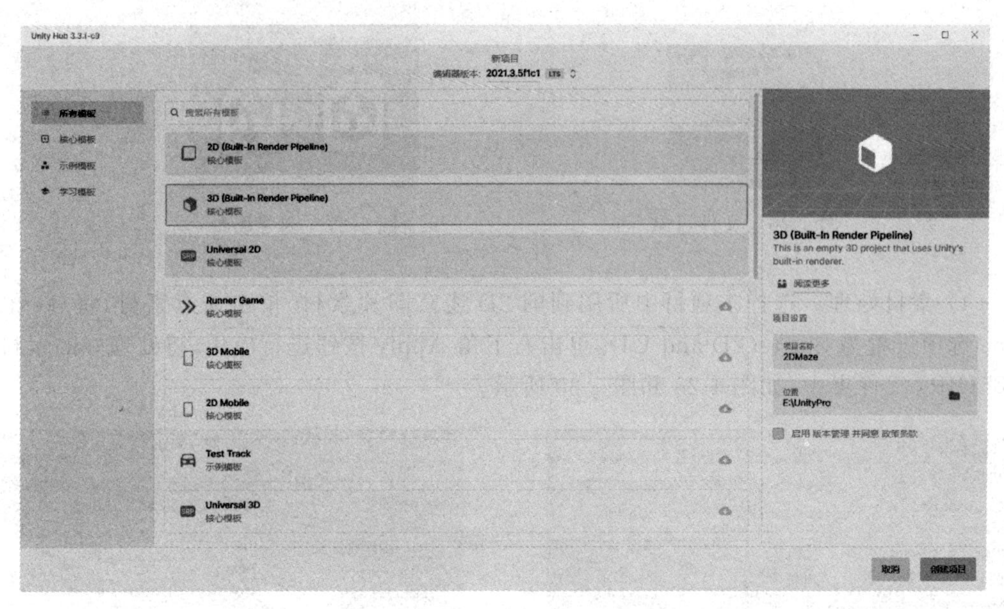

图 1-24　创建项目

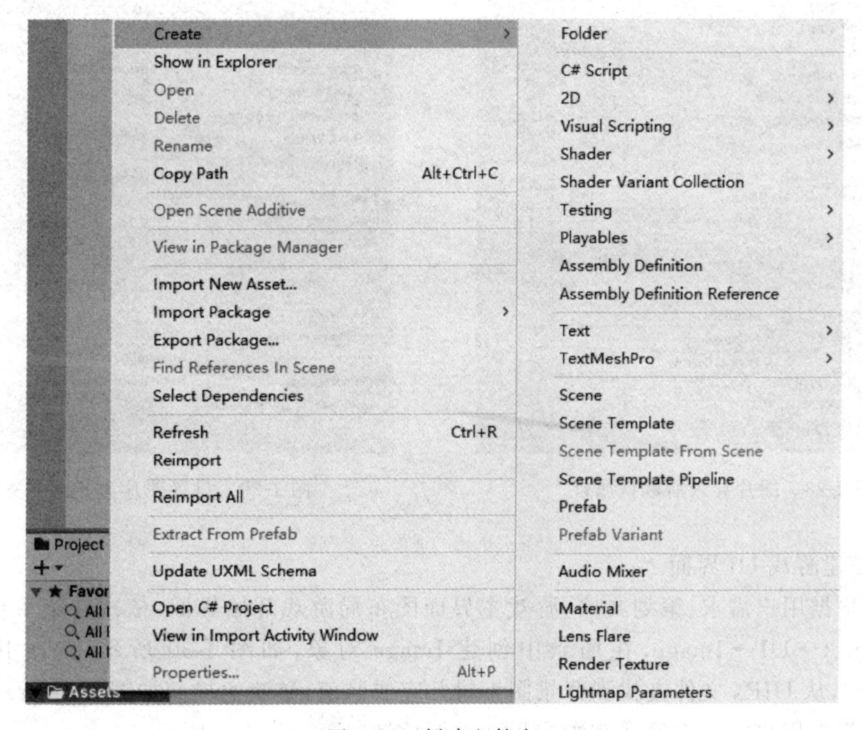

图 1-25　创建文件夹

（3）在 Scenes 文件夹中右击，依次选择 Create→Scene，修改其名称为 Main 用于制作游戏初始界面、创建游戏场景，并修改其名称为 Level 用于制作找不同游戏界面，如图 1-27 所示。

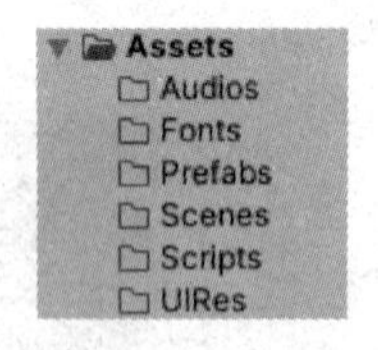

图 1-26　文件目录

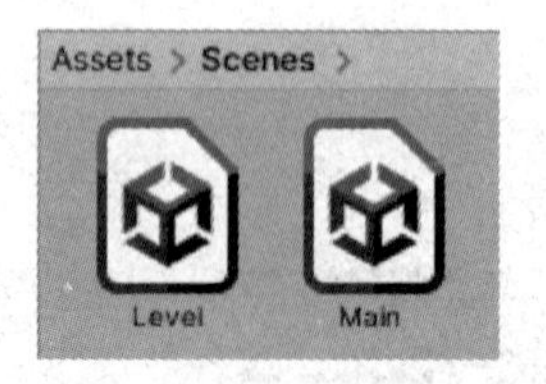

图 1-27　创建场景

（4）素材处理。选择本项目中所用到的 2D 迷宫图片素材，单击任意素材，将 Texture Type 选项设置为 Sprite(2D and UI)，单击右下角 Apply 按钮进行应用，将处理好的素材存放到 UIRs 文件夹中，如图 1-28 和图 1-29 所示。

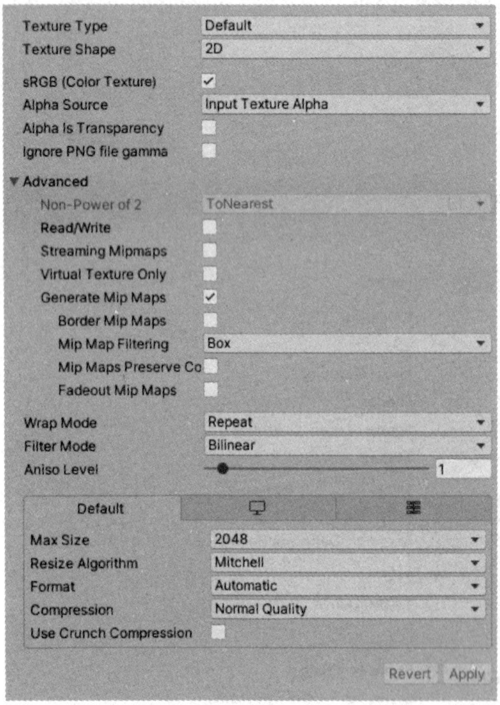

图 1-28　图片导入后默认属性

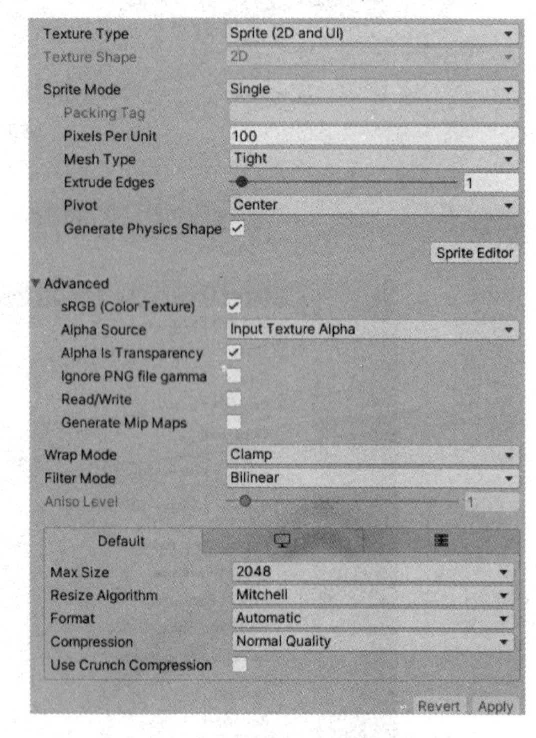

图 1-29　设置图片为 Sprite 类型

2）搭建游戏 UI 界面

（1）根据用户需求、策划文档、游戏主界面图布局游戏开始界面，依次在菜单栏中选择 GameObject→UI→Image，在场景中创建 Image 对象，如图 1-30 所示，修改其名称为 MainPanel，从 UIRs 文件夹找到背景图素材并完成赋值，游戏主界面如图 1-31 所示。

（2）根据用户需求设计迷宫游戏界面并摆放计时，如图 1-32 所示。

（3）在主界面上添加 button 对象，依次在菜单栏中选择 GameObject→UI→Button-TextMeshPro，弹出 TMP Importer 界面，单击 Import TMP Essentials 按钮完成文字特效插件导入，如图 1-33 所示。修改 Button 对象的名字为输入文字 Start，之后再次创建 Image 对象，赋值“手形”图片资源，如图 1-34 所示。

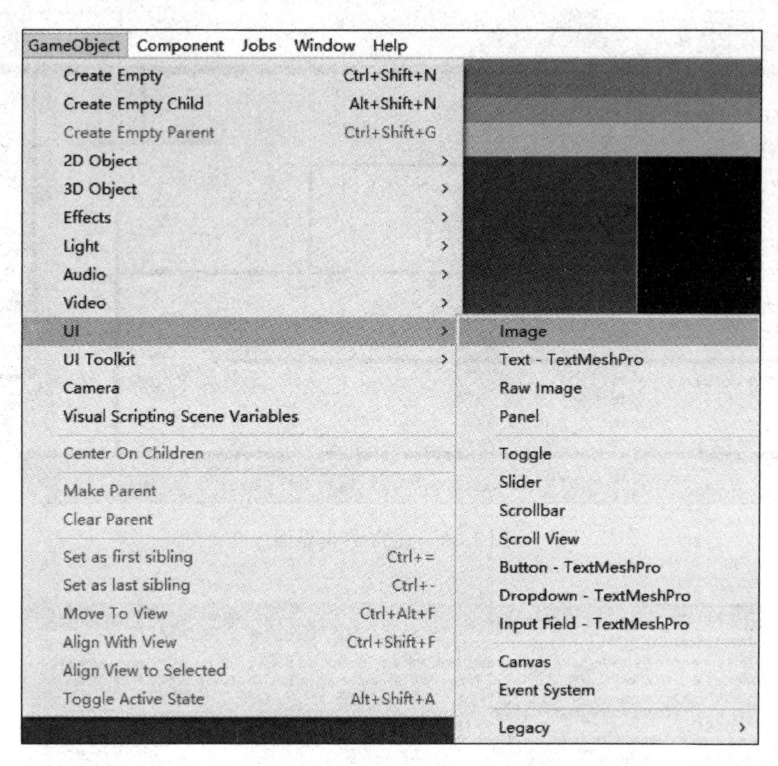

图 1-30 创建 Image 对象

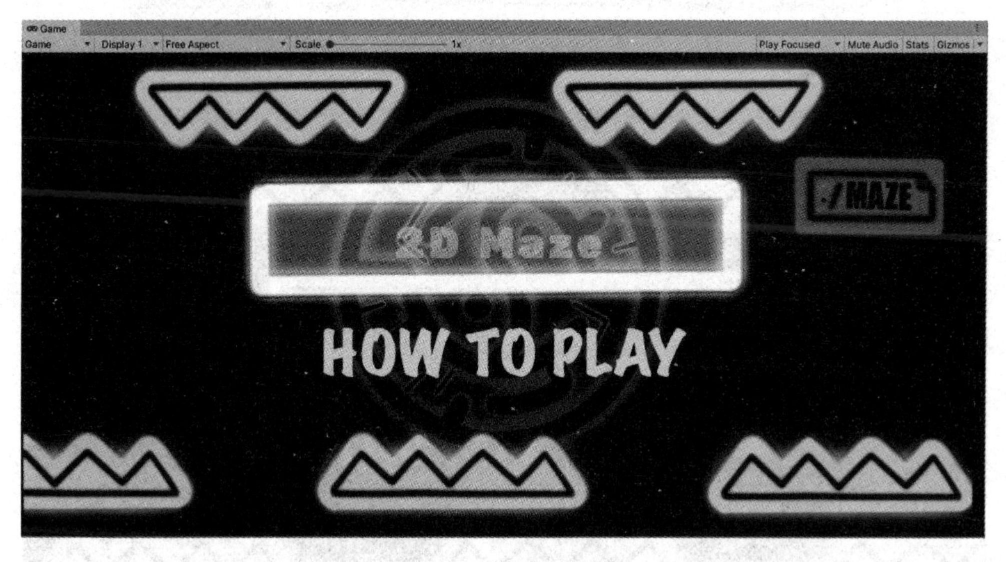

图 1-31 游戏主界面

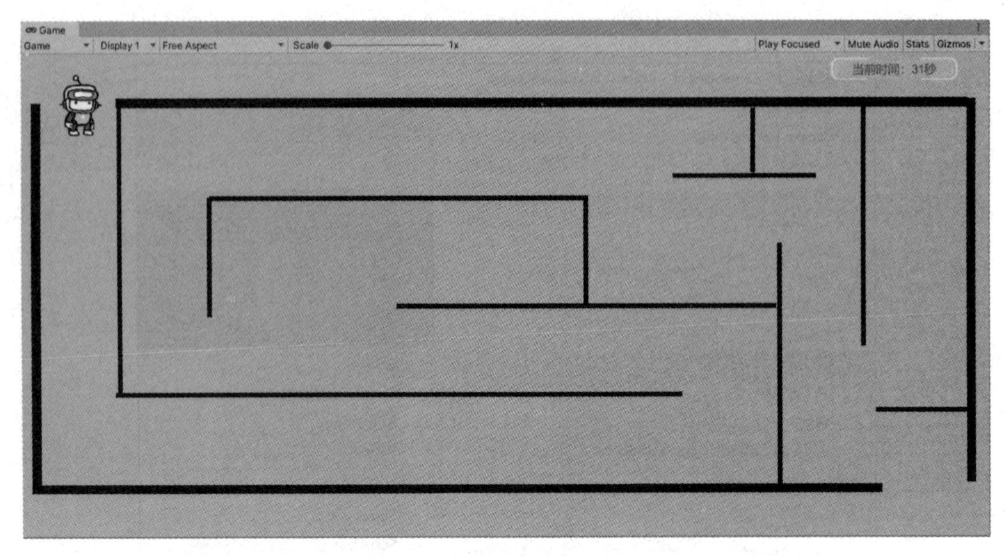

图 1-32 迷宫游戏界面

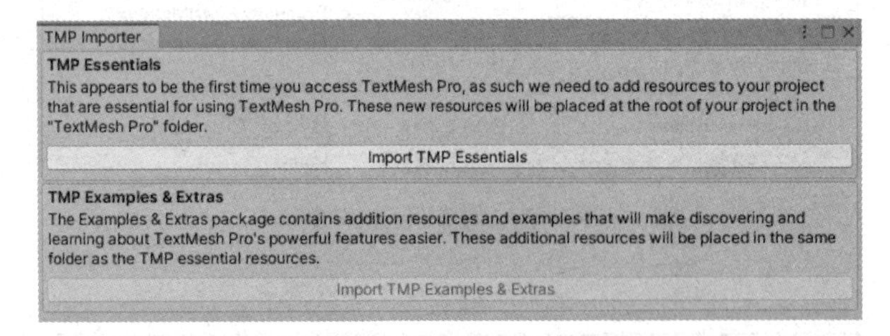

图 1-33 TMP 导入界面

图 1-34 添加开始按钮和手形图标

(4) 编写脚本控制界面交互,在 Scripts 目录下创建 C#脚本文件,如图 1-35 所示。

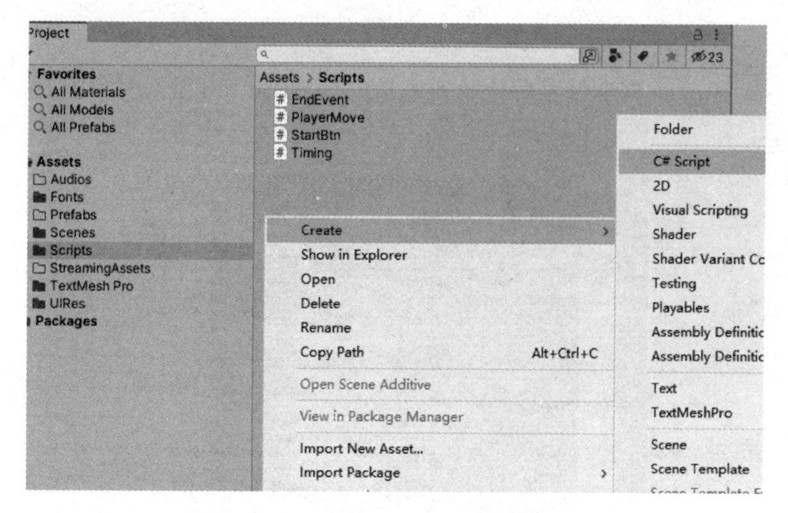

图 1-35 脚本创建

(5) 将脚本名称命名为 StartBtn 并编写如下代码。

```
using System.Collections;
using System.Collections.Generic;
using UnityEngine;
using UnityEngine.UI;
using UnityEngine.EventSystems;
public class StartBtn :
MonoBehaviour,IPointerEnterHandler,IPointerExitHandler
{
    public Button startbutton;                          //声明开始按钮对象
    public GameObject mainpanel,gamepanel;              //声明主界面、游戏界面
    public RectTransform hand;                          //手形实时图标位置
    private Vector3 oldposition ;                       //手形图标初始位置
    public void OnPointerEnter(PointerEventData eventData)  //当鼠标进入按钮范围时触发
    {
        hand.localPosition = oldposition + new Vector3(0,-120,0);
                                                        //设置图标位置在 Start 按钮左侧
    }
    void IPointerExitHandler.OnPointerExit(PointerEventData eventData)
                                                        //当鼠标移出按钮范围时触发
    {
        hand.localPosition = oldposition;               //设置图标位置在 How to Play 左侧
    }
    void Start()
    {
        oldposition = hand.localPosition;               //记录初始手形图标位置
        startbutton.onClick.AddListener(StartGame);     //监听按钮事件
    }
    void StartGame()                                    //开始游戏按钮事件
    {
        mainpanel.SetActive(false);                     //隐藏主界面
        gamepanel.SetActive(true);                      //显示游戏界面
```

```
            Timing.instance.isStart = true;             //开始计时
        }
    }
```

(6) 将 StartBtn.cs 脚本保存后挂载到场景中 StartButton 游戏对象上,并完成赋值,如图 1-36 所示。

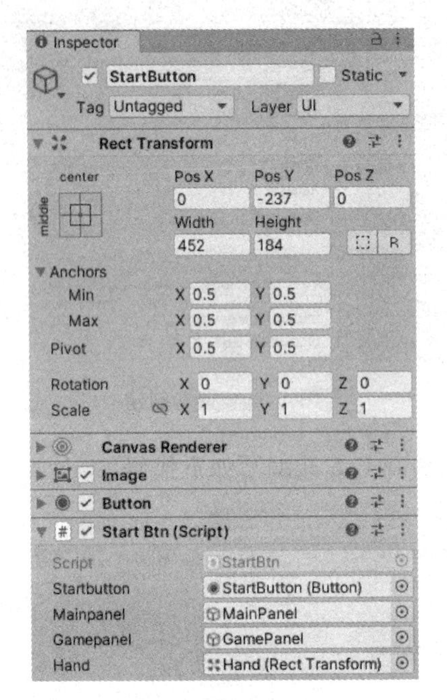

图 1-36 脚本挂载

3) 处理迷宫场景

(1) 创建空物体,命名为 Outline,并在下方创建 Image 对象,找到 Image 对象的 Rect Transform 属性面板,调整 Image 的宽度(Width)和高度(Height),如图 1-37 所示。

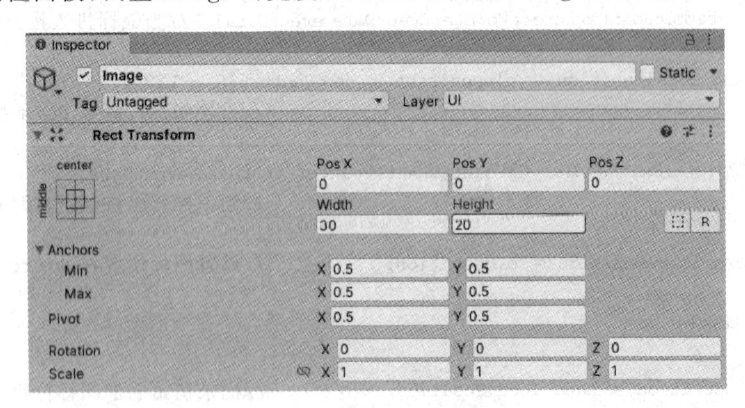

图 1-37 调整 Image 的宽高

(2) 选中刚才创建的 Image 对象,单击 Add Component 按钮,在弹出的输入框中输入 BoxCollider 2D 后,选择 Search 下的 BoxCollider 2D(盒形碰撞体)选项,完成组件添加,如图 1-38 和图 1-39 所示。

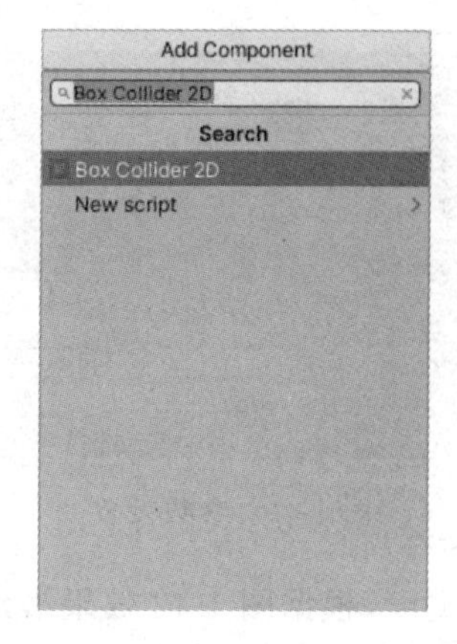

图 1-38　添加 BoxCollider 2D 组件

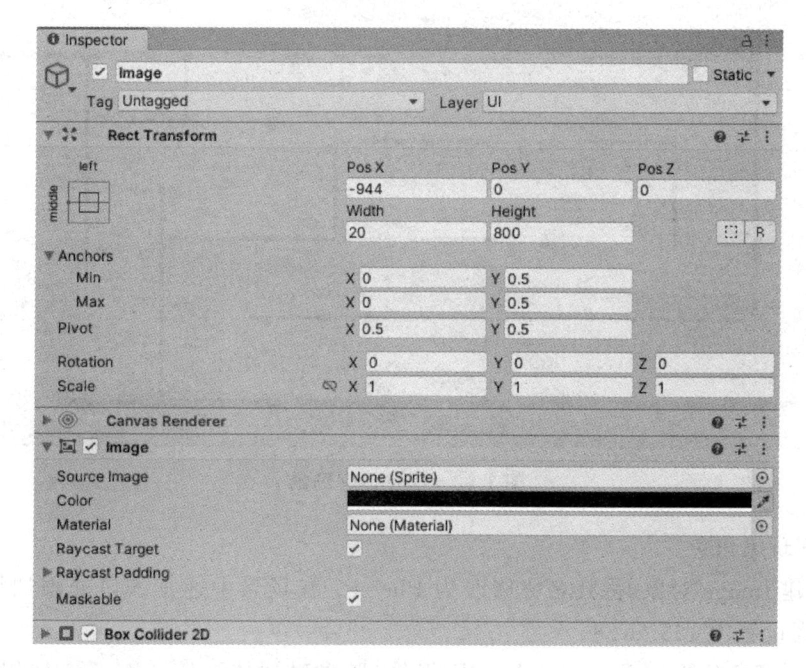

图 1-39　完成组件添加

(3) 根据迷宫图墙壁设置 boxCollider 2D 碰撞区域大小，单击 Edit Collider 按钮然后设置碰撞区域大小，也可以通过修改 Size 的参数调整碰撞区域大小，如图 1-40 和图 1-41 所示。

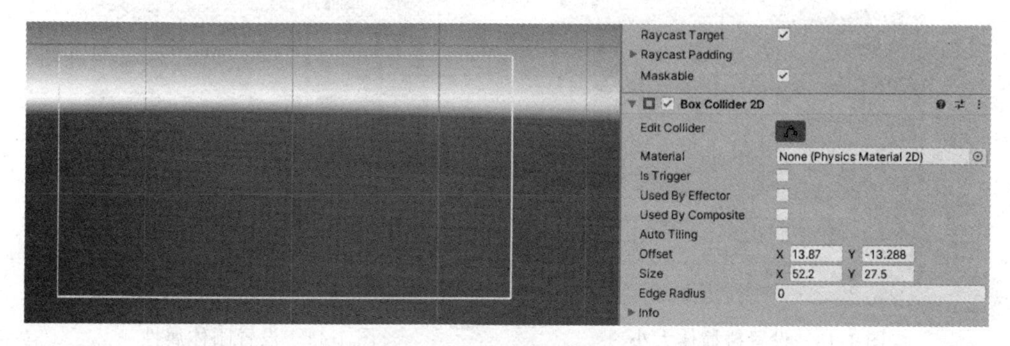

图 1-40　手动设置迷宫碰撞区域

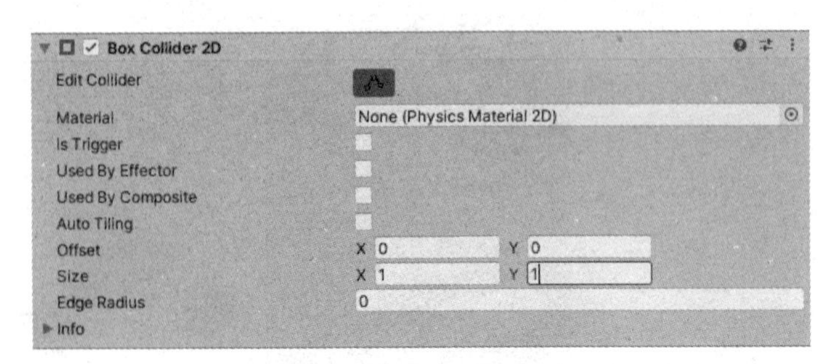

图 1-41　参数设置

（4）调整迷宫墙壁的长度和宽度，根据图 1-42 效果搭建迷宫场景。

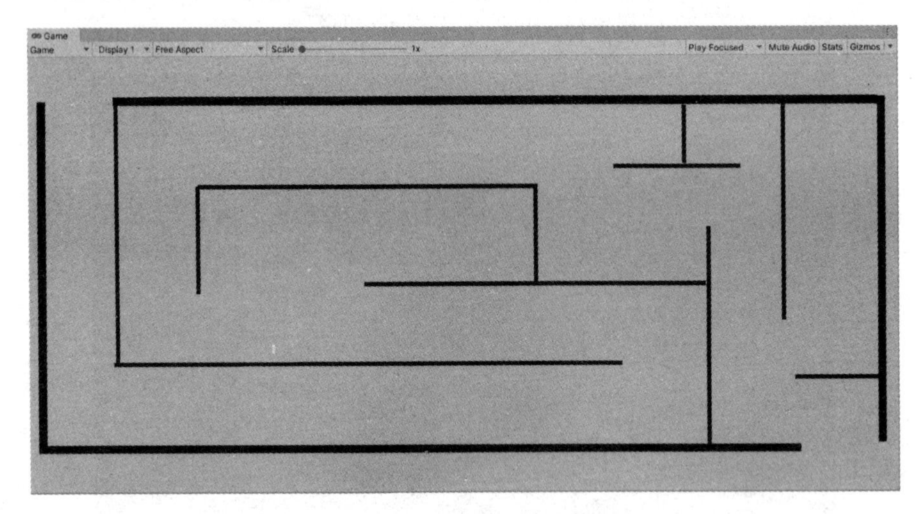

图 1-42　搭建迷宫场景

4）处理玩家角色

（1）创建 Image 对象，将其名称修改为 Player。在场景中迷宫入口处添加玩家角色图片，图标宽高设置为 128×128。

（2）对玩家角色添加 Box Colider 2D 组件（胶囊碰撞体）、Rigidbody 2D 组件（刚体组件），调整 Box Colider 2D 组件的 Size 为 128×128，修改 Rigidbody 2D 组件的 Gravity Scale 为 0，如图 1-43 和图 1-44 所示。

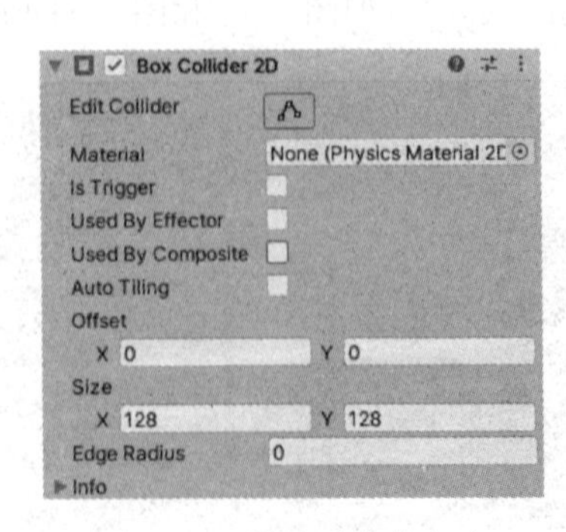

图 1-43　设置碰撞体大小

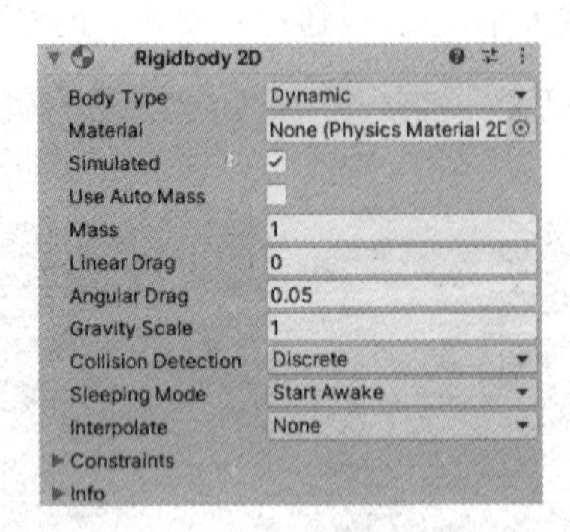

图 1-44　设置刚体属性

(3) 在 Scripts 目录下创建 C#脚本文件 PlayerMove.cs,编写脚本控制玩家角色移动。

(4) 双击 Scripts 目录下的 C#脚本文件 PlayerMove.cs,并编写如下代码:

```
using System.Collections;
using System.Collections.Generic;
using UnityEngine;

public class PlayerMove : MonoBehaviour
{
    private Rigidbody2D rigidbody2d;                    //声明 2D 刚体组件
    private Vector2 movepos;                            //设置要移动的位移量
    void Start()
    {
        rigidbody2d = GetComponent<Rigidbody2D>();      //获取当前对象身上的 2D 刚体组件
    }
    void Update()
    {
        float x = Input.GetAxisRaw("Horizontal");       //获取水平轴返回值
        float y = Input.GetAxisRaw("Vertical");         //获取垂直轴返回值
        movepos = new Vector2(x, y);                    //对偏移量赋值
        rigidbody2d.velocity = movepos;                 //设置 2D 刚体的移动速度
        rigidbody2d.MovePosition(rigidbody2d.position + movepos * 2 );
                                                        //让刚体对象移动到指定位置
    }
}
```

5) 处理其他迷宫逻辑

(1) 玩家抵达终点时结束游戏触发,在终点位置创建空物体,并在其身上添加 boxColider 2D 组件,勾选 isTrigger 选项,使其变成触发器,如图 1-45 所示。

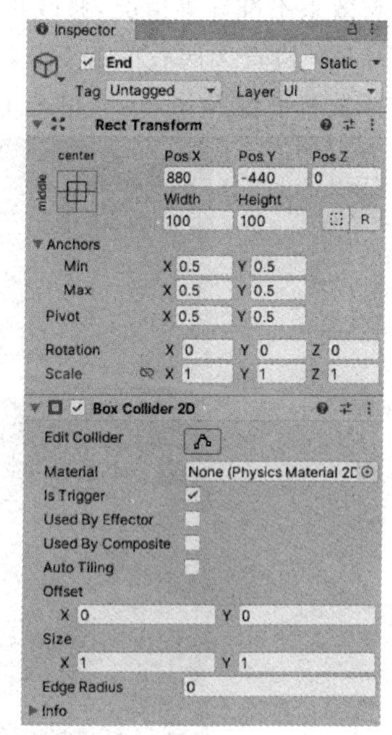

图 1-45 将碰撞器变为触发器

(2) 在 Scripts 目录下创建 C#脚本文件 EndEvent.cs,编写脚本,处理当游戏角色移动到终点所要触发的事件。

```
using System.Collections;
using System.Collections.Generic;
using UnityEngine;

public class EndEvent : MonoBehaviour
{

    private void OnTriggerEnter2D(Collider2D collision)
    {
      collision.GetComponent<PlayerMove>().enabled = false;
                                              //禁用玩家移动脚本
      Timing.instance.isStart = false;
                                              //暂停计时
    }
}
```

(3) 编写脚本,处理游戏计时、暂停等功能,在 Scripts 目录下创建 C#脚本文件 Timing.cs。

```
using System.Collections;
using System.Collections.Generic;
```

```
using UnityEngine;
using UnityEngine.UI;
public class Timing : MonoBehaviour
{
    public bool isStart = true;                 //开始计时标志位
    private float timer = 0;                    //需要显示的时间
    public Text timerText;                      //显示时间的文本对象
    private bool isStop;                        //暂停游戏标志位
    void Update()
    {
        if (isStart)
        {
            timer += Time.deltaTime;
            timerText.text = "当前用时:" + timer.ToString("0.0") + "秒";
        }
        if (Input.GetKeyDown(KeyCode.P))        //按下 P 键暂停
        {
            isStop = !isStop;                   //isStop 取反
            Time.timeScale = isStop ? 0:1;      //isStop 值为真时,Time.timeScale 赋值为 0;
                                                //反之,赋值为 1
        }
    }
}
```

6）项目发布与调试

(1) 在编辑器状态下运行游戏，检查是否有代码报错、镜头位置偏差、UI 布局不合理、素材效果不准确等情况，修改项目，完成编辑器内调试工作。

(2) 检查无误后单击 File(文件)菜单，选择 BuildSettings...选项，添加要发布的场景，选择发布平台 Windows，单击 Build 按钮将程序发布在桌面上，如图 1-46 所示。

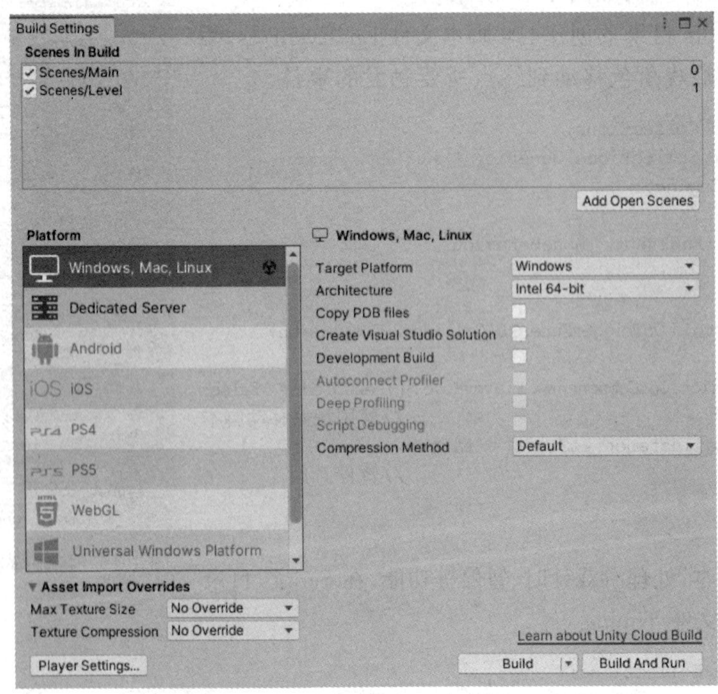

图 1-46　程序发布界面

(3) 运行游戏,如图1-47和图1-48所示。

图1-47　游戏主界面

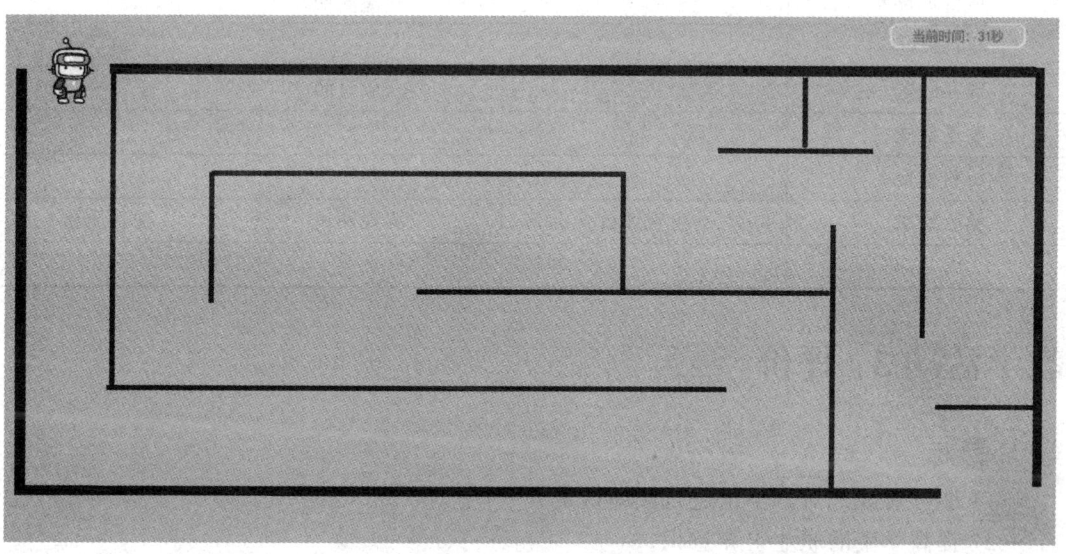

图1-48　迷宫游戏界面

2D迷宫
场景搭建

2D迷宫
工程源码

7) 问题解决

游戏制作过程中是否出现问题,若出现则分析问题原因,并说明是如何解决的。

____

____

____

____

____

____

8）项目验收

(1) 在本任务中，你是甲方还是乙方？

______

(2) 在一般 3D 游戏制作项目中，甲方与乙方的关系是什么？

______

______

______

______

(3) 填写验收报告(表 1-6)。

表 1-6 验收报告

项目名称			
用户单位		联系人	
地址		电话	
实施单位		联系人	
地址		电话	
项目负责人		开发周期	
项目概况			
现存问题		完成时间	
改进措施			
材料移交			
验收结果	主观评价	客观测试	项目质量

教学活动 3：评价

学习目标

(1) 能够客观地对本小组进行成绩认定。

(2) 提高学生的职业素养意识。

学习过程

(1) 填写专业能力评价表 1-7。

表 1-7 专业能力评价表

评分要素	配分	评分标准	得分	备注
基本要求	2	文件命名：与客户需求一致，2 分		
	2	文件保存位置：与客户需求一致，2 分		
	2	文件格式：与客户需求一致，2 分		
	2	文件运行：格式正确且能正常打开，2 分		
	2	游戏帧率：不低于 60FPS，2 分		

续表

评分要素	配分	评 分 标 准	得分	备注
功能效果	20	主界面效果,10 分 游戏界面效果,10 分		
	20	实现迷宫游戏介绍,5 分 实现游戏角色移动,5 分 实现迷宫墙壁阻拦,5 分 交互方式符合用户要求,5 分		
	20	实现游戏计时功能,5 分 实现终点提示功能,5 分 实现关卡切换功能,5 分 实现选关功能,5 分		
整体效果	10	游戏完整度,10 分		
	10	游戏流畅性、交互准确,10 分		
职业素养	10	① 职业意识,无消极行为,如拒绝任务等,2 分 ② 职业规范,无作弊行为等,2 分 ③ 团队协作,分工有序、组内无争议,2 分 ④ 遵守纪律,无大声喧哗,2 分 ⑤ 团队风貌良好,衣着整洁,2 分		
合 计				

(2) 填写任务评价表 1-8。

表 1-8 任务评价表

<table>
<tr><td colspan="2" rowspan="2">专业能力(50 分)</td><td>自我评价
(30%)</td><td>小组评价
(30%)</td><td>教师评价
(40%)</td><td>小计</td><td>总计</td></tr>
<tr><td></td><td></td><td></td><td></td><td></td></tr>
<tr><td colspan="2">职业素质(50 分)</td><td>自我评价
(30%)</td><td>小组评价
(30%)</td><td>教师评价
(40%)</td><td>小计</td><td>总计</td></tr>
<tr><td rowspan="8">综合能力</td><td>自主学习能力
5 分</td><td></td><td></td><td></td><td></td><td rowspan="8"></td></tr>
<tr><td>团队协作能力
10 分</td><td></td><td></td><td></td><td></td></tr>
<tr><td>沟通表达能力
5 分</td><td></td><td></td><td></td><td></td></tr>
<tr><td>搜集信息能力
10 分</td><td></td><td></td><td></td><td></td></tr>
<tr><td>解决问题能力
5 分</td><td></td><td></td><td></td><td></td></tr>
<tr><td>创新能力
5 分</td><td></td><td></td><td></td><td></td></tr>
<tr><td>安全意识
5 分</td><td></td><td></td><td></td><td></td></tr>
<tr><td>思政考核
5 分</td><td></td><td></td><td></td><td></td></tr>
<tr><td colspan="6">总成绩(知识、能力、素质)</td><td></td></tr>
</table>

教学活动 4：总结

学习目标

(1) 能以小组形式，对学习过程和实训成果进行汇报总结。

(2) 了解简单 2D 游戏项目从开始到结束的流程。

学习过程

1) 经验总结

(1) 通过本任务的学习，你最大的收获是什么？

____

____

____

____

____

(2) 你认为在软件工程项目中，从接受甲方任务到最终交付验收，都要经过哪些环节？

____

____

____

____

____

2) 汇报成果

本小组是以何种方式进行汇报的？请简要说明汇报的思路与内容。

____

____

____

____

____

任务练习

实操题

请参照图 1-49，综合使用 Unity 引擎中的基础 3D 资源制作 3D 迷宫游戏。

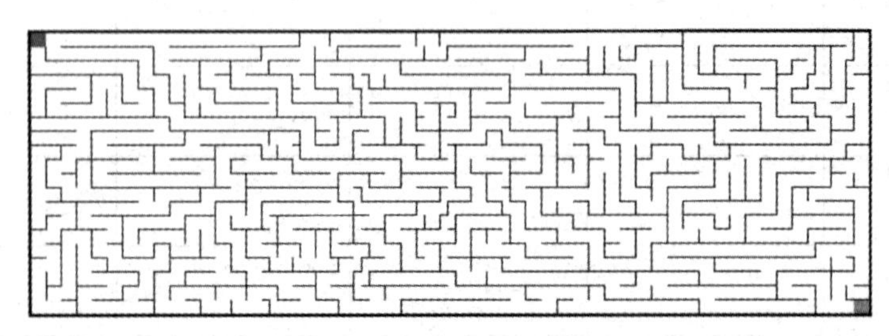

图 1-49 迷宫游戏界面

任务学习资料

拓展知识

1) Camera 组件

Camera(摄像机)组件属性界面如图 1-50 所示。

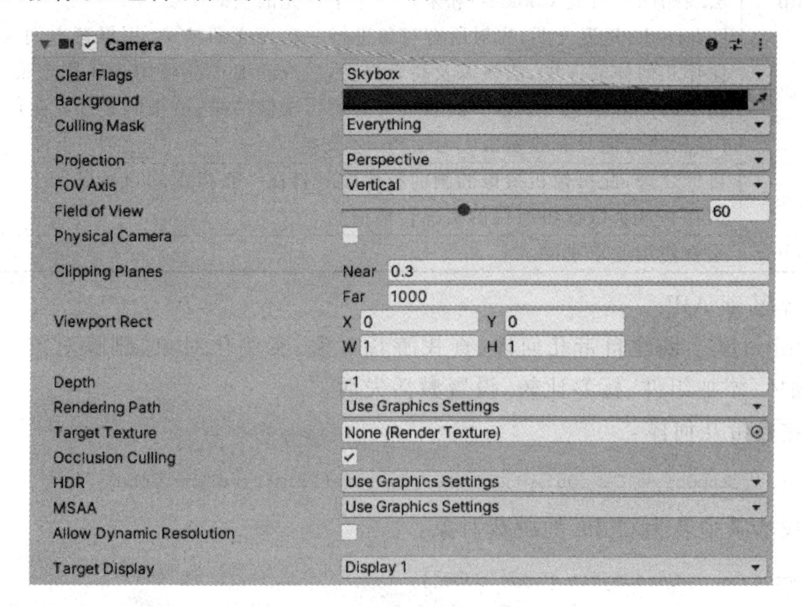

图 1-50 摄像机组件属性界面

Camera 组件主要参数名及含义如表 1-9 所示。

表 1-9 Camera 组件参数名及含义

参数名	含义
Clear Flags	设置这个标志位会对屏幕(缓存帧)指定区域进行清除,通常在多个 Camera 渲染不同物体的时候用到,其包含以下几个标志位。 Skybox:把颜色缓冲设置为天空盒,并完全清空深度缓冲 Solid:和天空盒一样,只是把颜色缓冲设置为纯色 Depth only:这个选项会保留颜色缓冲,但会清空深度缓冲 Don't Clear:不清除任何缓冲
Culling Mask	剔除遮罩,根据对象所指定的层来控制渲染的对象
Projection	投影方式,分为透视和正交
Field of view	视野范围(透视模式的参数) Perspective 透视:以 3D 方式观察物体(特点:近大远小) Orthographic 正交:以 2D 方式观察物体(没有近大远小效果)
Clipping Planes	剪裁平面,摄像机的渲染范围。Near 为最近的点,Far 为最远的点
View port rect	标准视图矩形,用四个数值(X 水平位置起点、Y 垂直位置起点、W 宽度、H 高度)来控制摄像机的视图在屏幕中的位置及大小,该项使用屏幕坐标系,数值在 0~1
Depth	深度,用于控制摄像机的渲染顺序,值大的摄像机将被渲染在较小值的摄像机之上

续表

参数名	含　　义
Rendering Path	渲染路径，设定摄像机的渲染方法如下 Use Player Settings：使用 Project Settings→Graphics Settings→Tier Settings 进行设置 Vertex Lit：顶点光照，将所有的对象作为顶点光照对象来渲染 Forward：正向渲染是一个基于着色器的渲染路径。它支持逐像素计算光照（包括法线贴图和灯光 Cookies）和来自一个平行光的实时阴影 Deferred：延迟光照，先对所有对象进行一次无光照渲染，用屏幕空间大小的 Buffer 保存几何体的深度、法线以及高光强度，生成的 Buffer 将用于计算光照，同时生成一张新的光照信息 Buffer。最后所有对象再次被渲染，渲染时叠加光照信息 Buffer 的内容，此功能只有收费版 Unity Pro 才支持
Target Texture	目标纹理，此摄像机摄像的画面影像实时打在一张指定的目标贴图上，此时，这张贴图存有这个摄像机所摄的实况转播信息
Occlusion Culling	是否使用遮罩剔除

2）Unity 基础 API

GameObject 类：创建自带几何体、查找游戏对象、实例化对象、删除对象、过场景不移除、创建空物体、添加组件、标签比较、设置激活失活。

（1）创建自带几何体：

```
GameObject createObj = GameObject.CreatePrimitive(PrimitiveType.Cube);
```

（2）查找场景中名为 Cube 的游戏对象：

```
GameObject cube = GameObject.Find("Cube");
```

（3）实例化（克隆）Cube 对象。根据 Instantiate()方法中的游戏对象创建出一个一模一样游戏对象。

```
GameObject Obj = GameObject.Instantiate(cube);
```

（4）删除游戏对象。具体包括以下 3 种方法。

① 删除游戏对象：

```
GameObject.Destroy(Obj); //<=> Destroy(Obj)
```

② 延时 3s 删除游戏对象：

```
GameObject.Destroy(Obj,3); //<=> Destroy(Obj,3)
```

③ 立即删除游戏对象：

```
GameObject.DestroyImmediate(Obj); //<=> DestroyImmediate(Obj);
```

注意：删除对象有两个作用，一是删除场景中指定的游戏对象，二是删除一个指定的脚本对象。一般情况下，Destroy 方法不会马上移除对象，会在下一帧时把这个对象从场景中移除同时从内存中移除。在没有特殊要求的情况下，不建议使用 DestroyImmediate 方法删除游戏对象，使用这个方法会让卡顿概率上升。

（5）过场景不移除。在默认情况下，在场景切换时场景中的对象都会被自动删除。如果不希望某个游戏对象被删除，则使用本方法。

```
GameObject.DontDestroyOnLoad(cloneObj); //DontDestroyOnLoad(cloneObj)
```

(6) 创建空物体。此处创建了一个名为 null,添加了刚体组件的游戏对象。

```
GameObject objNull = new GameObject("null",typeof(Rigidbody));
```

(7) 为对象添加脚本/组件:

```
BoxCollider objScript = objNull.AddComponent<BoxCollider>();
```

(8) 标签比较:

```
bool tag = gameObject.CompareTag("tagName");
```

(9) 设置激活失活(false 为失活、true 为激活):

```
gameObject.SetActive(false);
```

Transform 类:查找设置父物体或子物体;获取游戏对象的位置、角度、比例。

(1) 获取父物体:

```
Debug.Log(gameObject.transform.parent);
```

(2) 设置父物体:

```
transform.SetParent(Obj.transform);
```

(3) 获取当前对象下的第一个子物体:

```
Debug.Log(transform.GetChild(0).gameObject) ;
```

(4) 获取游戏对象的位置、角度、比例:

```
Debug.Log("位置" + transform.localPosition + "角度" + transform.localRotation + "比例" +
transform.localScale);
```

Time 类:时间缩放比例、帧间隔时间、游戏开始到现在的时间、游戏帧数、物理帧间隔时间。

(1) 帧间隔时间:

```
Time.timeScale
```

(2) 游戏开始到现在的时间:

```
Time.realtimeSinceStartup
```

(3) 游戏帧数。游戏开始到当前时间运行的帧数:

```
Time.frameCount
```

(4) 物理帧间隔时间:

```
Time.fixedDeltaTime
```

学习任务二

2D 找不同游戏制作

课程前置

1. 熟悉 UGUI 常用组件

UGUI 是从 Unity4.6 开始被集成到 Unity 编译器中的。Unity 官方给这个新的 UI 系统赋予的标签是灵活、快速和可视化，主要作用是让使用者快速搭建出想要的用户界面风格。

1) Canvas(画布)和 Canvas Scaler(画布缩放模式)

Canvas 是承载所有 UI 元素的区域，是所有 GUI 元素的父对象，所有的 UI 元素都不能脱离 Canvas(画布)，脱离 Canvas 的 UI 元素将不会显示出来。当创建一个 GUI 组件时，如果当前场景中不存在 Canvas，则系统会自动创建一个 Canvas，创建 Canvas 的同时也会创建一个 EventSystem，EventSystem 是基于 Input 的事件系统，可以对键盘、触摸、鼠标、自定义输入进行处理。

依次选择菜单栏 GameObject→UI→Canvas，Canvas 的创建如图 2-1 所示。

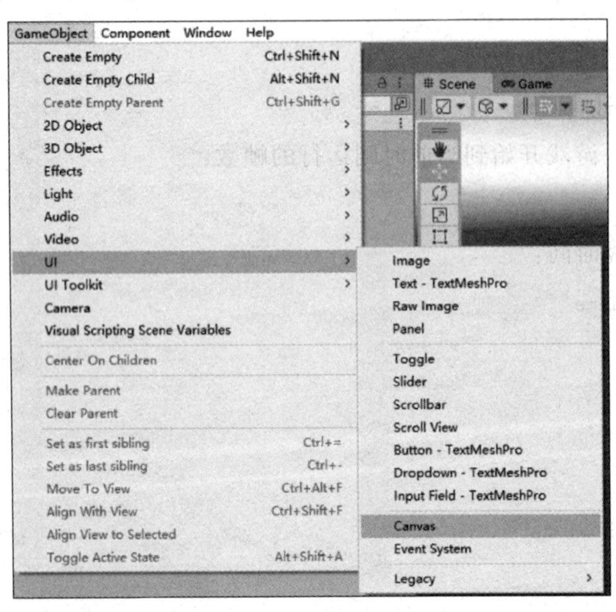

图 2-1　创建 Canvas

(1) Canvas 包含的 Render Mode(渲染模式)有以下三种。

① Screen Space-Overlay：此渲染模式表示画布下所有的 UI 元素永远置于屏幕的最顶层，既与摄像机无关，也不会被游戏对象遮挡。UI 元素会根据屏幕的尺寸及分辨率自适应调整。

② Screen Space-Camera：与 Overlay 类似，但此模式表示画布永远被放置在指定摄像机前方，也就是说无论摄像机移动到哪里或者转换视角，画布永远跟随指定摄像机走。由于所有 UI 元素都由指定摄像机进行渲染，所以摄像机的设置会影响画面 UI。

③ World Space(世界空间)：这种渲染模式下，画布与场景中任何一个游戏对象一样，不需要面对摄像机。可以调整画布的位置；画布尺寸通过 Rect Transform 矩形变换设置而改变。UI 与游戏对象会互相遮挡。

(2) Canvas Scaler(画布缩放模式)有以下三种。

① Constant Pixel Size：可在屏幕上按像素指定 UI 元素的位置和大小。这也是画布在未附加任何画布缩放器时的默认功能。但是，借助画布缩放器中的 Scale Factor，可以向画布中的所有 UI 元素应用常量缩放。

② Scale With Screen Size：可以根据指定参考分辨率的像素来指定位置和大小。如果当前屏幕分辨率大于参考分辨率，那么画布则会保持只具有参考分辨率的分辨率，但是会稍作放大，以便适应屏幕。如果当前屏幕分辨率小于参考分辨率，则画布会相应缩小以适应屏幕。

③ Constant Physical Size：是一种基于物理尺寸的缩放模式，它使 UI 元素在不同分辨率下保持相同的物理尺寸。在这种模式下，UI 元素的大小会根据屏幕分辨率和屏幕尺寸的变化而变化，以保持相同的实际尺寸。

除了渲染模式和缩放模式以外，创建 Canvas 的同时还会创建 Graphic Raycaster 组件，用于获取当前用户选中的 UGUI 空间，多个 Canvas 之间的时间响应顺序由渲染顺序决定，即在 Hierachy 面板中越靠上的 Canvas 越后响应。

2) Image(图像)

Image 组件用于装饰，充当图标的一种非交互式组件，可以用来显示 Sprite (图片精灵)。显示图片时需要找到对应的图片，在其属性面板将 Texture Type 参数修改为 Sprite (2D and UI)，单击右下角的 Apply 按钮，如图 2-2 所示。

创建 Image 组件，依次选择菜单栏 GameObject→UI→Image。Image 组件如图 2-3 所示，其组件参数名及含义见表 2-1 所示。

表 2-1 Image 组件参数名及含义

参数名	含义
Source Image	需要显示的 Sprite 纹理
Color	图像颜色
Image Type	显示图像类型(需要设置一个 Sprite 后使用)
Preserve Aspect	图像的原始比例的宽、高是否保持相同的比例(需要设置一个 Sprite 后使用)
Set Navite Size	设置图像的尺寸为原始图像纹理的大小(需要设置一个 Sprite 后使用)
Raycast Target	射线投射目标。是否作为射线投射目标，关闭之后忽略 UGUI 的射线检测

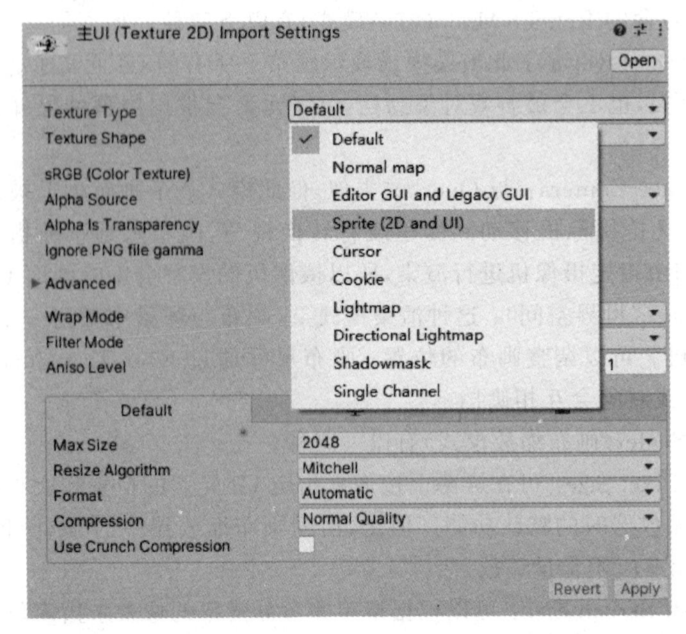

图 2-2 设置图片为 Sprite 模式

图 2-3 Image 组件

ImageType 分为 4 种，分别是 Simple（基本的）、Filled（填充的）、Sliced（切片的）、Tiled（平铺）。

Simple（基本的）：图片整张显示，不裁切、不叠加，根据边框大小会有拉伸。

Filled（填充的）：根据填充方式、填充起点、填充比例决定图片显示哪一部分。其分为三种填充方式：Fill Method（填充方式），分为水平、垂直、90°圆、180°圆、360°圆；Fill Origin（填充起点），根据填充方式不同有所变化；Fill Amount（填充比例），取值范围在[0,1]，0 代表完全不显示，1 代表完全显示。

Sliced（切片的）：按九宫格显示，九宫格在图片资源中设置。拉伸时九宫格四周大小不变，上下只会左右拉，左右只会上下拉。

Tiled（平铺）：在选中范围内显示 n 张原始大小的图片。

3）Text（文本）

Text 组件是用于文本信息显示的组件。

创建 Text 组件，在 Canvas 下创建空对象，单击此空对象，在所创建的空对象的属性面板上单击 AddComponent 按钮，在弹出的输入框中输入 Text 后选择 Search 下的 Text 选项，完成组件添加。Text 组件如图 2-4 所示，其组件参数名及含义如表 2-2 所示。

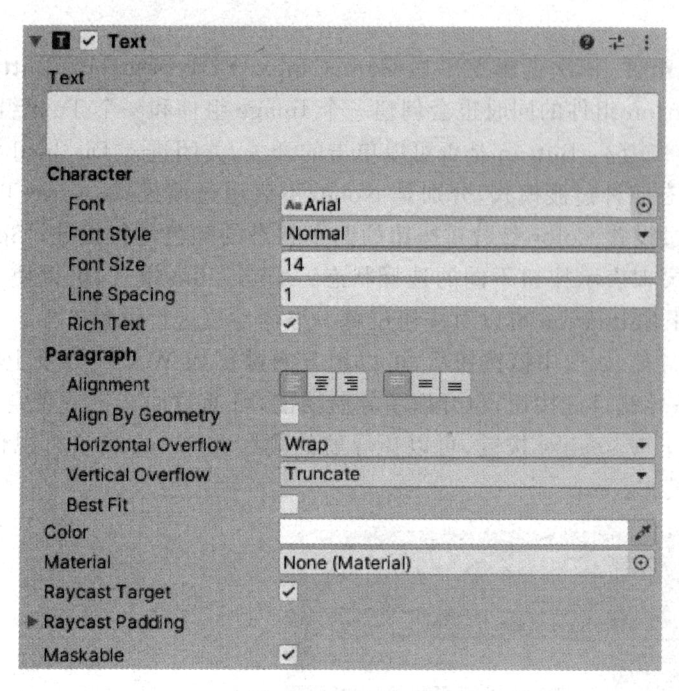

图 2-4　Text组件

表 2-2　Text组件参数名及含义

参数名	含　义
Text	用于想要显示的文本
Font	字体
Font Style	文本样式
Font Size	字体大小
Line Spacing	文本行之间的间距
Rich Text	富文本样式
Alignment	文本的水平和垂直的对齐方式
Alignment By Geometry	使用区段的字形几何执行水平对齐
Horizontal Overflow	水平溢出方式
Vertical Overflow	垂直溢出方式
Best Fit	根据矩形大小自动调整文本大小
Color	文本颜色
Material	渲染文本的材质
Raycast Target	是否可以被射线检测到

TextMesh Pro是Unity的最终文本解决方案，它是Unity UI Text和旧版Text Mesh的完美替代方案。

4）Button（按钮）

Button组件是游戏开发中最常使用的组件之一，用户常常通过Button组件确定其选择行为。当用户单击Button组件时，Button组件会显示按下的效果，并触发与该组件关联的游戏功能。

创建 Button 组件，依次选择菜单栏 GameObject→UI→Button。Button 组件如图 2-5 所示。在创建 Button 组件的同时也会创建一个 Image 组件和一个 Text 组件。

Interactable(交互)：Button 是否可以单击的开关，关闭进入 Disabled 状态。

Button 组件有四种过渡模式，分别是 None，不启用过渡模式；ColorTint 模式，使用该模式可以分别通过设置 Color 参数对按钮的四个状态的颜色进行设定；Sprite Swap 模式，可以通过图片精灵来表示按钮不同的选择状态；Animation 模式，可以使 UGUI 与动画系统进行结合，使用 Animation 可以对按钮位置大小等参数进行设置。

Navigation(导航)：选中该按钮后，可以用方向键比如 WASD 以及上下左右按键选择其他按钮，前提是导航目标按钮，也开启了导航功能，可通过回车键或者空格键单击按钮响应单击事件。按下 Visualize 按键，可以让导航的顺序在 Scene 窗口可视化，图 2-6 所示为 Automatic 自动模式。

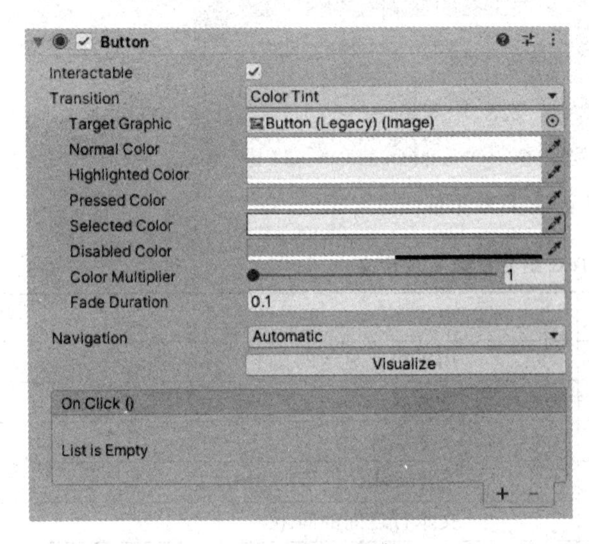

图 2-5 Button 组件

图 2-6 Navigation 导航

2. Rect Transform(矩形变换)

Rect Transform 是一种新变换组件，继承自 Transform 组件，是专门为 UGUI 设计的组件。其增加了很多特性，用于控制每个 UI 组件矩形变换信息，如图 2-7 所示。

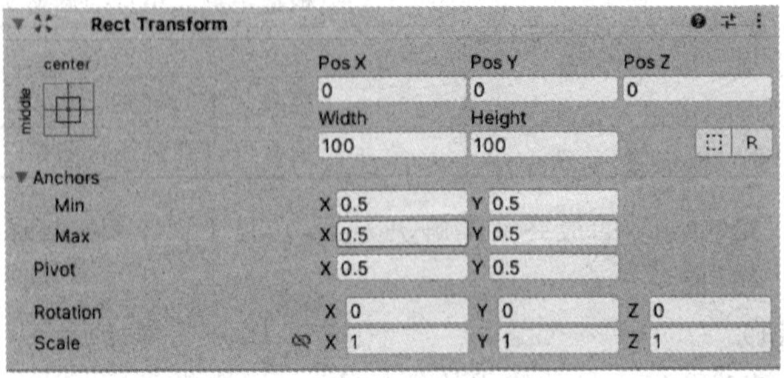

图 2-7 Rect Transform 组件

Rect Transform 参数名及含义如表 2-3 所示。

表 2-3　Rect Transform 参数名及含义

参 数 名	含　义
Pos(X,Y,Z)	需要显示的贴图
Width/Height	定义矩形宽和高
Anchors	定义矩形在左下角和右下角的锚框
Pivot	定义矩形旋转时围绕的中心点坐标
Rotation	定义矩形围绕选择中心点的旋转角度
Scale	定义该对象的缩放系数

下面主要介绍 Pivot(轴心点)和 Anchors(锚点)。

1) Pivot(轴心点)

Pivot 是 Position(位置)、Rotation(角度)、Scale(缩放比例)的基准位置。Scene(场景)中轴心点与坐标位置如图 2-8 所示。

Pivot 的位置必须在 Pivot 模式下才能进行调整,如图 2-9 所示。

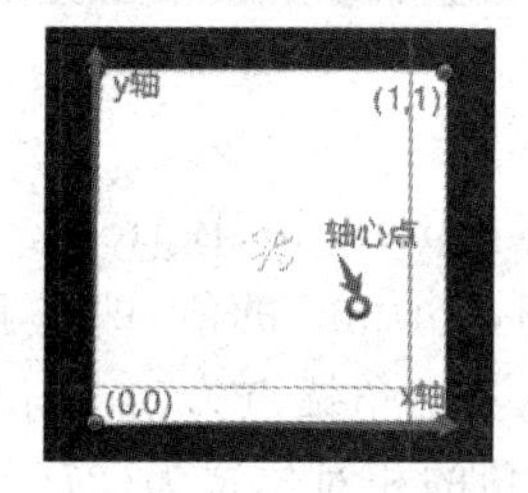

图 2-8　Pivot 轴心点

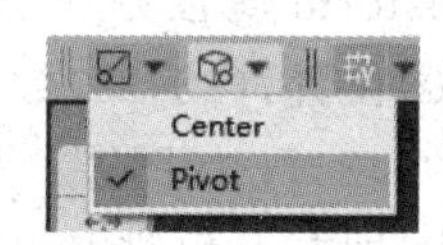

图 2-9　模式选择

2) Anchors(锚点)

Anchors 由 4 个三角形组成,每个三角形均可以分别移动,组成一个矩形,4 个三角形重合时组成一个点。

(1) 预设 Anchors:在 Inspector 检视视图,Rect Transform(矩形变换)左上角有个 Anchor Presets(锚点预设)按钮,单击,或者按 Alt 或者 Shift 键弹出事先预设好的 Anchor Presets(锚点预设),如图 2-10 所示。

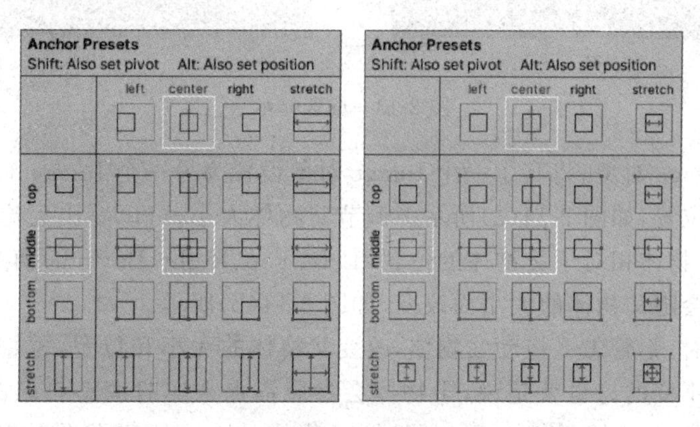

图 2-10　锚设预设

（2）自定义 Anchors：如果通过 Anchor Presets 没有达到预想的效果，可通过 Anchor 属性来调整。

3）Anchors 重合与不重合时的区别

Anchors 通过 Min/Max 设置来调整 UI 元素的大小和对齐方式，即调整三角形位置，如图 2-11 所示。当两个锚点（AnchorMin 和 AnchorMax）不重合时，两点就会确定一个矩形，这个矩形就是锚框，如图 2-12 所示。

图 2-11　锚点参数设置　　　　图 2-12　锚框

此时，Rect Transform 属性分别变成了 Left、Top、Right、Bottom。如图 2-13(a)所示，以左下角锚点为(0,0)位置，(23,25)数值代表(left,bottom)的值，即左下角锚点距离 UI 左下角的相对位置为(23,25)；如图 2-13(b)所示，以右上角锚点为(0,0)位置，(27.5,19)数值代表(right,top)的值，即右上角锚点距离 UI 右上角的相对位置为(27.5,19)。

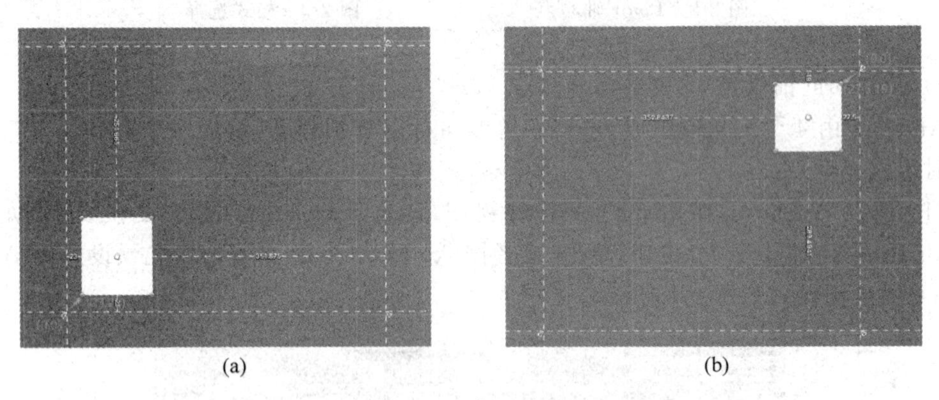

图 2-13　位置显示

创建两个 Image 对象，将其中一个 Image 对象设置为另一个 Image 对象的子物体。调节子物体的锚点位置，如图 2-14(a)所示。调节父物体大小，可以看出无论父物体大小或者位置如何改变，子物体相对于父物体的位置(Left、Top、Right、Bottom)值是不会改变的，但是子物体的大小会随父物体的大小而改变，如图 2-14(b)所示。

当锚点重合时，不管怎么拖动父物体，改变父物体的大小和位置，子物体的中心点到锚点的距离是始终不变的。也就是说，子物体会参照锚点来实时调整自己的位置，使自己的中心点到锚点的距离始终保持一致。同时，子物体的大小不随父物体的大小而改变，如图 2-15 所示。

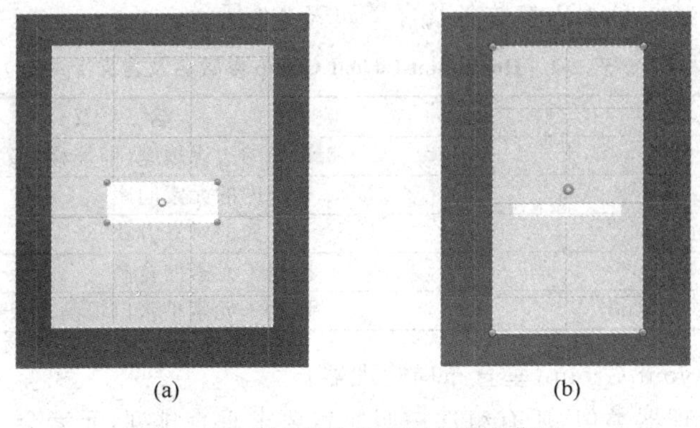

(a)　　(b)

图 2-14　子父物体状态下的锚点作用

图 2-15　锚点作用

3. UGUI 布局管理

在游戏界面中会使用到很多组件布局，其作用是更好地管理各个 UI 组件。Unity 自带三种布局管理器：Horizontal Layout（水平布局）、Vertical Layout（垂直布局）、Grid Layout（网格布局）。

1）Horizontal Layout Group（水平布局管理器）

这种模式会使所有组件按照一定要求水平排列，元素会一个挨着一个沿着水平方向排列，如果超过了该 Layout Group 宽度，不会换行，而会直接继续排列。组件如图 2-16 所示。

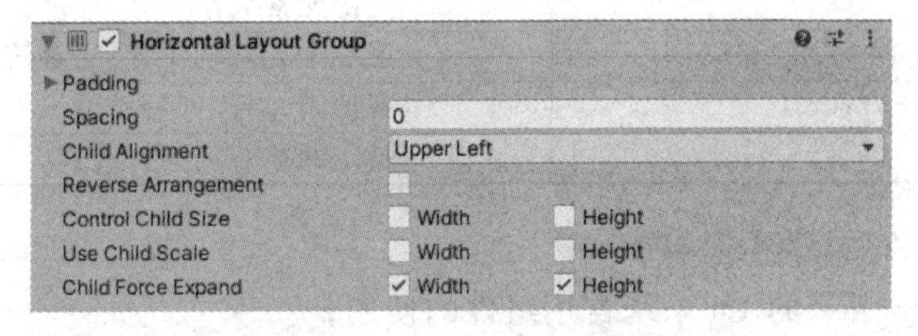

图 2-16　水平布局管理器

Horizontal Layout Group 参数名及含义如表 2-4 所示。

表 2-4 Horizontal Layout Group 参数名及含义

参数名	含 义
Padding	布局的边缘填充(即偏移量)
Spacing	布局内的元素间距
Child Alignment	子元素的对齐方式
Child Control Size	控制子元素的宽高
Child Force Expand	强制子元素扩张以填满多余空间

2) Vertical Layout Group(垂直布局管理器)

与水平布局管理器类似,所有组件按照一定要求垂直排列,元素会一个挨着一个沿着垂直方向排列,如果超过了该 Layout Group 宽度,不会换列,而会直接继续排列。组件如图 2-17 所示。由于其属性与水平布局管理器相同,这里不再赘述。

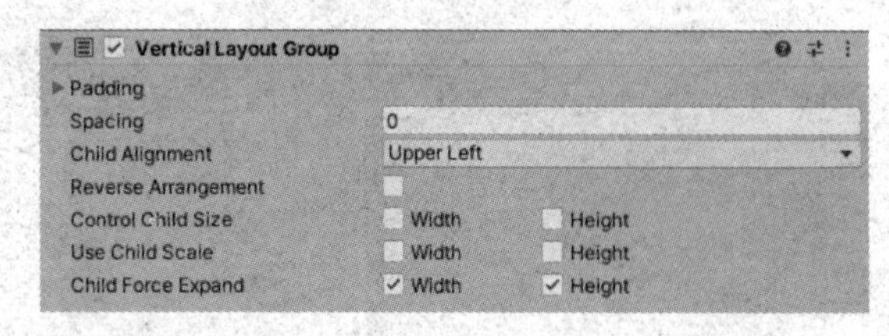

图 2-17 垂直布局管理器

3) Grid Layout Group(网格布局管理器)

该组件(见图 2-18)会将其管理的 UI 元素进行自动网格形状排列,会自动换行,经常用于开发游戏中背包模块道具、仓库等网格状储物格的 UI 管理,其参数名及含义见表 2-5。

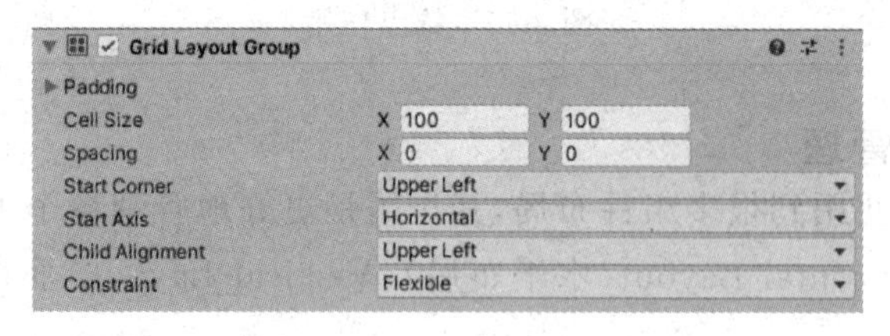

图 2-18 网格布局管理器

表 2-5 Grid Layout Group 参数名及含义

参数名	含 义
Padding	布局的边缘填充(即偏移量)
Cell Size	内部元素大小
Start Corner/Start Axis	第一个元素的位置/元素的主线轴
Horizontal/Vertical	在填满一行/列后启用一个新行/列
Constraint	指定网格布局的行或列

完成本学习任务后,学生应当能够:

(1) 掌握 Unity 引擎的 UI 系统常用组件的使用;

(2) 能根据用户的需求、策划的设计,准确把控游戏开发进程的时间与节奏;

(3) 能通过程序实现本游戏的核心逻辑;

(4) 掌握 Unity 引擎常用的 API;
(5) 能根据效果图,熟练运用 UGUI 进行界面的搭建;
(6) 熟练编写找不同游戏程序,控制音效播放;
(7) 以《2D 找不同》为任务,完成找不同游戏的实现;
(8) 能加入自己的理解,用类比的思想完成多关卡 2D 找不同游戏。

本章知识结构

本章知识结构如图 2-19 所示。

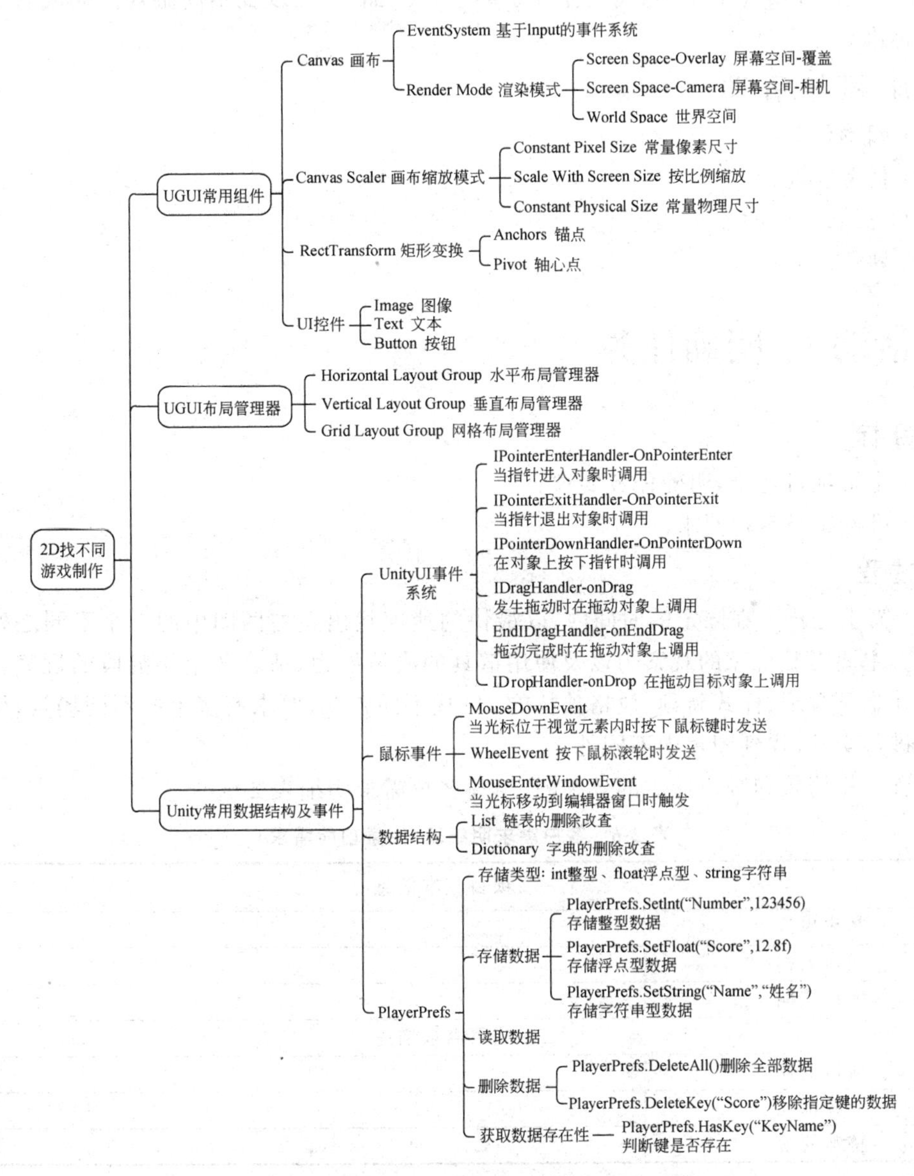

图 2-19 本章知识结构

建议学时

12 学时。

工作情景描述

某游戏公司正在开发一款 PC 端找不同的游戏，需要根据美工所提供的 UI 素材与用户需求在 2 天内制作一款×××风格的 2D 找不同游戏并完成交付。请同学们分小组接受该任务，对任务进行深入分析解读，明确任务制作过程及最终要完成的内容、效果和质量要求，明确任务的主题与方向，制订工作计划，明确完成 2D 找不同游戏项目制作工作任务所需的时间和工作步骤流程。整理相关素材资料，熟悉游戏玩法，合理编写代码、美化游戏界面，有序进行设计实施工作，完成任务规定的项目产品——2D 找不同游戏。完成后达到项目验收标准。

工作流程与活动

（1）明确任务；

（2）任务实施；

（3）总结；

（4）评价。

教学活动 1：明确任务

学习目标

（1）了解项目背景，明确任务要求。

（2）准确记录客户要求。

学习过程

（1）需求分析。在限定的时间内，以最快的速度找出左右两图中的 5 个不同之处者为获胜方。主要考验玩家的观察力以及使用道具的决策能力，适合各个年龄段的玩家。本项目要设计难度合理、样式新颖、风格独特的 2D 找不同游戏，要求有多个找不同场景，用户通过鼠标进行交互，找到图片中不同处。

结合工作情景和客户提供的效果图，填写客户需求明细表 2-6。

表 2-6　客户需求明细表（注意功能需求）

一、项目基本信息	
客户单位	
项目名称	
项目周期	
二、项目需求描述	
项目概述	
资源情况	
特殊要求	

(2) 结合客户提供的效果图,设计找不同游戏场景,在下方方框中写出项目的制作思路,确认整个项目所需要用到的引擎功能。

(3) 根据游戏情况,对游戏关键内容截取效果图。

(4) 通过整理用户需求及技术要求,在下方方框中写出游戏玩法的流程图。

(5) 根据任务要求,在完成任务后,需要提供给客户的成果包含哪些?

教学活动 2:任务实施

一、任务准备

学习目标

(1) 掌握 Unity 引擎的界面布局及常用工具。
(2) 掌握资源导入与导出的方法。
(3) 掌握音频组件的使用方法。
(4) 能够熟练掌握常用的 Time、Transform 类下的属性和方法。
(5) 能够用类比思想完成多个找不同关卡游戏的制作。

学习过程

1) 简答题
(1) UGUI 系统中常用的组件有哪些? 它们的作用是什么?

(2) Time 类下有哪些常用属性？它们的作用是什么？

____

____

(3) 音频组件的属性有哪些？它们的作用是什么？

____

____

2) 单项选择题

(1) 下面不属于 Camera CleaFlags 选项的有(　　)。

A. Sky box　　B. Solid Color　　C. Depth Only　　D. Frame Only

(2) 下列选项中，关于 Transform 组件的 position 参数的描述错误？

A. Transform 组件的 position 属性的 x,y,z 值可以单独修改

B. Transform 组件的 position 属性的 x,y,z 值可以单独获取

C. Transform 组件的 position 属性表示游戏对象在世界坐标系中的位置

D. Transform 组件的 position 属性是一个 Vector3 类型的数据

(3) Unity 引擎使用的是左手坐标系还是右手坐标系？(　　)

A. 左手坐标系

B. 右手坐标系

C. 可以通过 Project setting 切换左右手坐标系

D. 可以通过 Reference 切换左右手坐标系

(4) 在对 2D 纹理的设置中，(　　)用途的纹理通常可以不强制使用 2 次幂的宽高数值。

A. 用于制作天空盒的纹理　　B. 用于三维模型贴图的纹理

C. 用于 UI 元素的纹理　　D. 用于 Cookie 贴图纹理

(5) 在 Unity 引擎中不可以通过以下(　　)方式导入图片资源。

A. 选中图片直接拖拽到 Scene 视图中

B. 选中图片直接拖拽到 Project 视图中

C. 通过 Assets→Import New Assets 导入资源

D. 将文件拖拽到 Assets 文件夹下

(6) 在 Unity 中的场景中创建 Camera 时，默认情况下除了带有 Transform、Camera 组件之外，还带有以下(　　)组件。

A. Mouse Look　　B. FPS Input Controller

C. Audio Listener　　D. Character Motor

(7) 在 Unity 引擎中，Collider 是(　　)。

A. Unity 引擎中支持的一种资源，可用于视频渲染

B. Unity 引擎中内置的一种组件，可以存储图像信息

C. 粒子系统中的一种组件，可以作用于制作火焰特效

D. 物理系统中的一种组件，可用进行碰撞检测

（8）关于 Vector3 的 API，以下说法正确的是（　　）。

A. Vector3. normalize 的作用是向量归一化

B. Vector3. forward 与 Vector3(0,1,1)是一样的意思

C. Vector3. Lerp 的可以用于控制物体移动

D. Vector3. Dot(向量 A，向量 B)用来计算向量 A 与向量 B 的距离

（9）AudioSource 是 Unity 中用于播放声音的组件，以下说法错误的是（　　）。

A. Unity 支持的音频格式有. wav、. mp3、. ogg

B. Loop 属性用于循环播放音乐

C. Mute 属性用于静音

D. Spatial Blend 属性用于控制 2D 音源的播放优先级

（10）关于 Unity 脚本中的 Time 类，下列（　　）属性以秒计间隔，在物理和其他固定帧率进行更新，该值和计算机运行速度无关，是固定值。

A. Time　　B. time　　C. deltaTime　　D. fixedDeltaTime

二、计划与决策

学习目标

（1）能够根据客户要求，制订合理可行的工作计划。

（2）在小组人员分工过程中，能够考虑到个人性格特点与个人技能水平。

（3）能够独立完成 2D 找不同游戏的制作。

（4）能够按照有关规范、标准进行代码的编写。

学习过程

（1）填写任务实施计划表 2-7。

表 2-7　任务实施计划表

日　期	完成任务项目内容	计划使用课时数	实际使用课时数	备注
合　计				

（2）结合你的小组成员，填写项目小组人员职责分配表2-8。

表2-8 项目小组人员职责分配表

项目名称： 项目编号：

序 号	成员姓名	项目职责说明	备 注

（3）根据所制订的计划，填写材料清单（表2-9）。

表2-9 材料清单

项 目	序号	仪器设备名称	规格型号	单位	数量	备注
硬件设备	1					
	2					
	3					
	4					
	5					
软件环境	1					
	2					
	3					
	4					
	5					
素材资源	1					
	2					
	3					
	4					
	5					

三、项目制作

学习目标

（1）能够根据工作计划，正确进行2D找不同游戏制作。

（2）能够通过组间讨论、复查资料等手段解决项目开发过程中发现的问题。

（3）能够在软件出现报错时分析问题原因，解决问题。

（4）项目实施后能按照管理规定清理现场。

2D找不同项目素材

学习过程

1）创建项目

（1）根据游戏名称创建项目，以英文2D Find the difference命名，如图2-20所示。

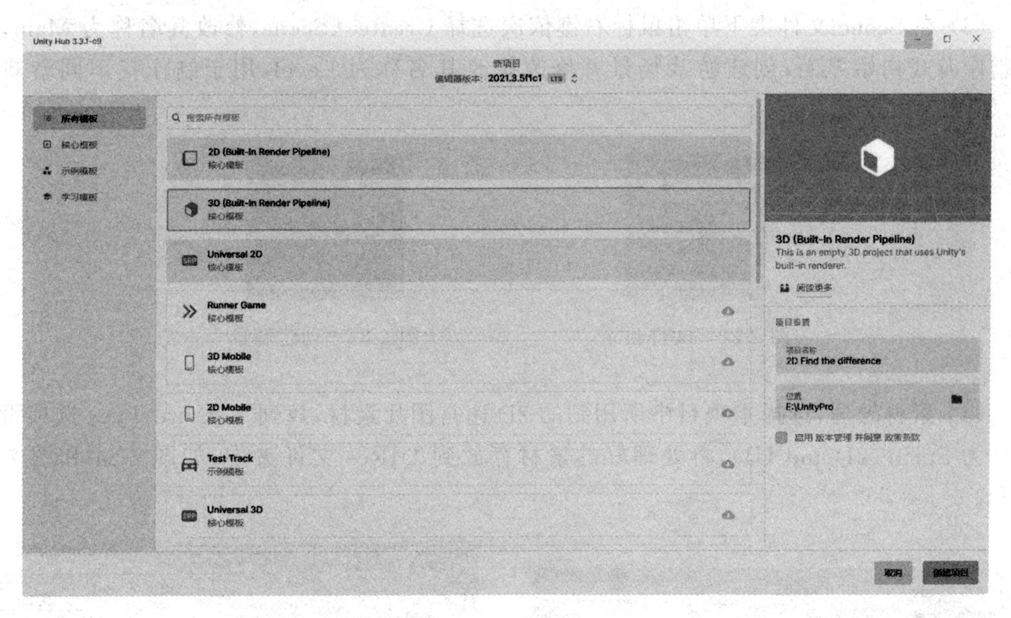

图 2-20 创建项目

(2) 在 Assets 文件夹下单击鼠标右键依次选择 Create→Folder，如图 2-21 所示，创建 Scripts、Scenes、Fonts、Prefabs、Audios、UIRes 文件夹用于分类存放脚本、场景、字体、预制体、音频、图片等文件，如图 2-22 所示。

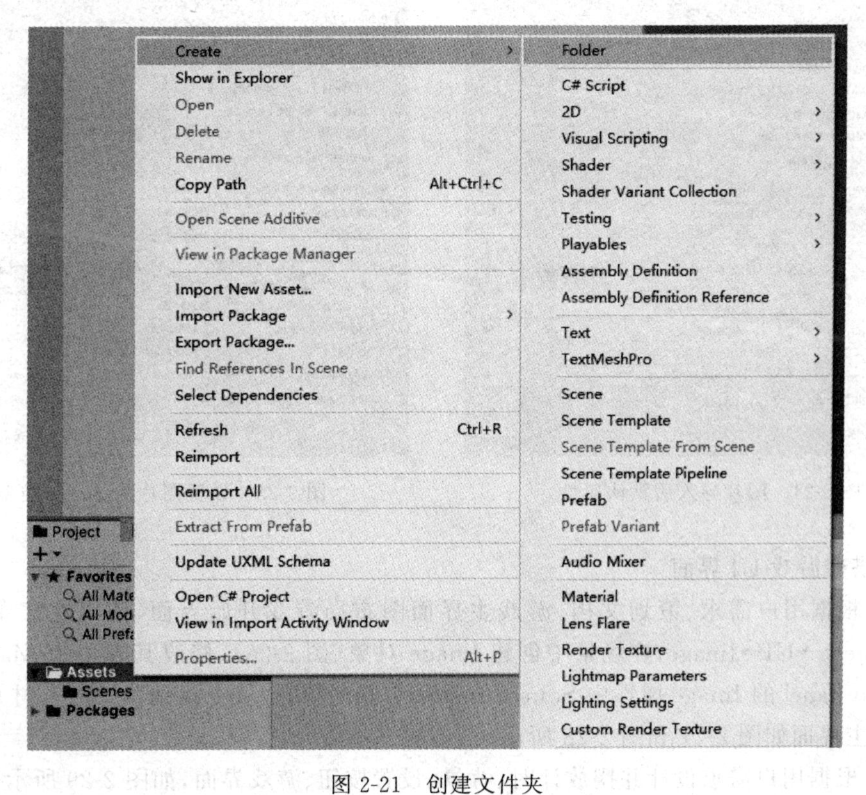

图 2-21 创建文件夹

(3) 在 Scene 文件夹下单击鼠标右键依次选择 Create→Scene，修改其名称为 Main，用于制作游戏初始界面，创建游戏场景并修改修改其名称为 Level，用于制作找不同游戏界面，如图 2-23 所示。

图 2-22　文件目录

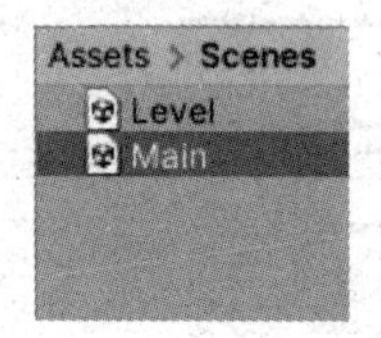

图 2-23　创建场景

(4) 素材处理，选择本项目中所用到的 2D 迷宫图片素材，找到 Texture Type 选项设置属性为 Sprite(2D and UI)，将处理好的素材存放到 UIRes 文件夹中，如图 2-24 和图 2-25 所示。

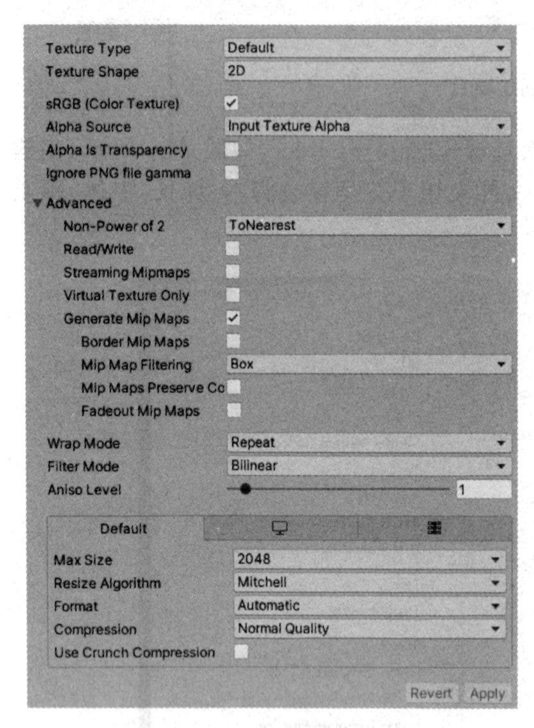

图 2-24　图片导入后默认属性

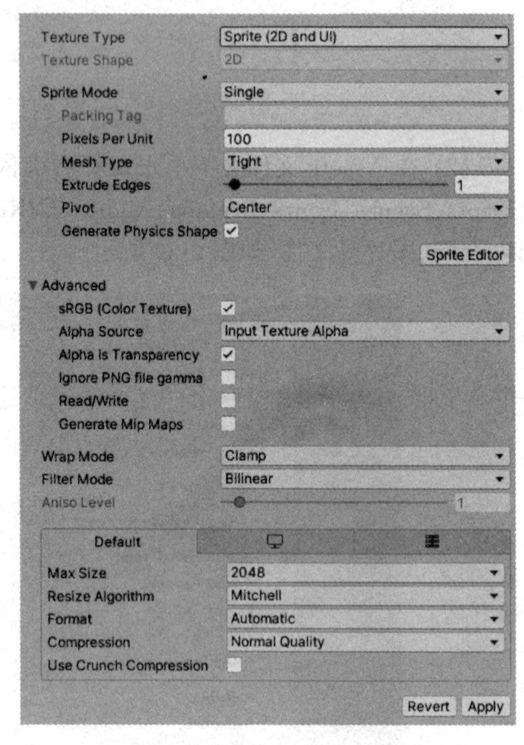

图 2-25　设置图片为 Sprite 类型

2) 搭建游戏 UI 界面

(1) 根据用户需求、策划文档、游戏主界面图布局游戏开始界面，依次在菜单栏选择 GameObject→UI→Image，在场景中创建 Image 对象(图 2-26)，修改其名称为 MainPanel，单击 MainPanel 的 Image 属性中 Source Image 右侧的圆点，从中找到背景图素材并完成赋值，游戏主界面如图 2-27 和图 2-28 所示。

(2) 根据用户需求设计并摆放计时、背景、设置按钮、游戏界面，如图 2-29 所示。

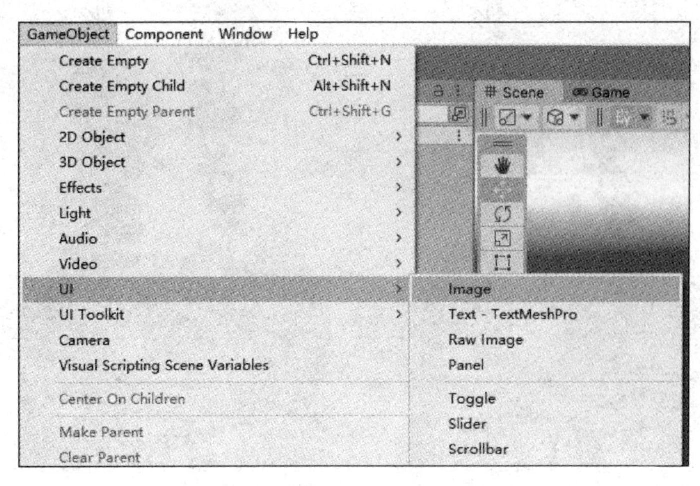

图 2-26　创建 Image 对象

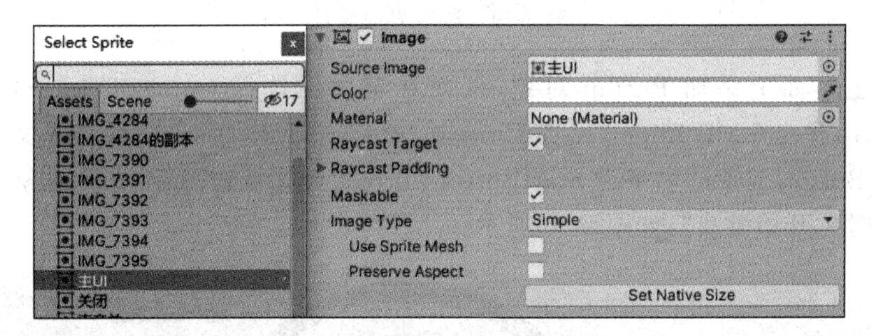

图 2-27　完成图片赋值

图 2-28　游戏主界面

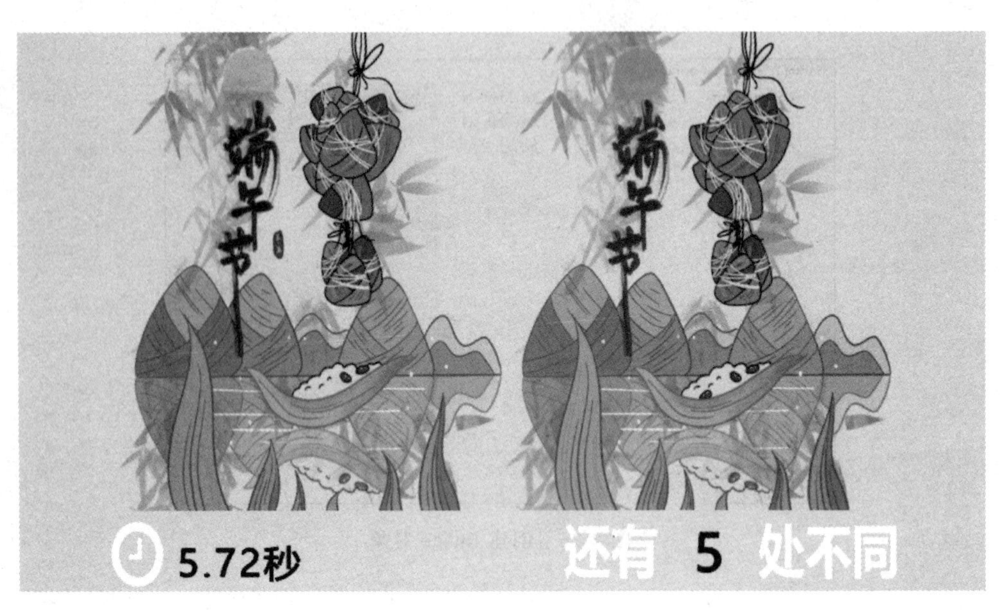

图 2-29 游戏界面设计

(3) 在主界面上添加 Button 对象，依次在菜单栏选择 GameObject→UI→Button-TextMeshPro，弹出 TMP Importer 界面，单击 Import TMP Essentials 完成文字特效插件导入。修改 Button 对象的名字为 StartButton，并设置开始按钮图标，在此对象下创建 Text 对象，输入文字"开始游戏"，如图 2-30 所示。

图 2-30 添加开始按钮

(4) 在主界面上搭建暂停游戏界面，依次在菜单栏选择 GameObject→UI→Image，修改 Image 的名称为 PausePanel，单击 PausePanel 的 Image 属性中 Source Image、GameObject→UI→Button-TextMeshPro 右侧的圆点，从中找到背景图素材并完成赋值，并在合适位置添加按钮对象，删除创建 Button 组件时自动生成的 Text(TMP)对象(图 2-31)，之后添加按钮显示图标，最终设置按钮图标，如图 2-32 所示。

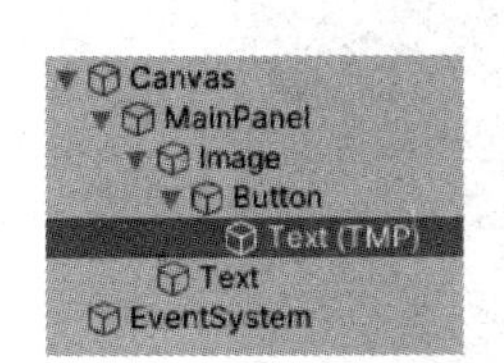

图 2-31　添加 Button 对象

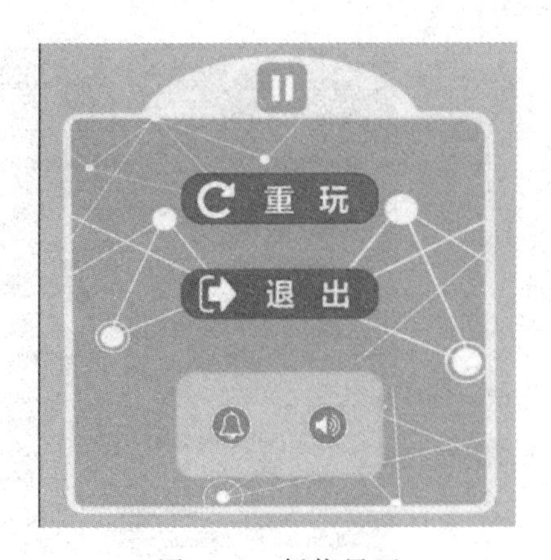

图 2-32　暂停界面

(5) 在 Scripts 目录下创建 C# 脚本文件 LoadGame.cs，编写脚本控制界面交互，编写完成后将其拖拽至 StartButton 按钮对象上后添加按钮监听事件 StartGame。

```
using System.Collections;
using System.Collections.Generic;
using UnityEngine;
using UnityEngine.SceneManagement;
public class LoadGame : MonoBehaviour
{
    public void StartGame()
    {
        SceneManager.LoadScene(1);      //加载编号为 1 的关卡
    }
}
```

3) 处理找不同场景

(1) 选择创建 Canvas，并在其下方创建 Image 对象。

(2) 将图片素材进行分割，如图 2-33 和图 2-34 所示。

(3) 创建两个空对象 A、B 并在其下创建同名空对象 1、2、3、4、5，在对应编号对象下创建 Image 对象，设置标识图标，并添加 Mask 组件，之后在这个对象下再创建 Image 对象，并设置合适的图片颜色，如图 2-35 所示。

(4) 在 Canvas 下合适位置创建 Image、Text 对象，完成倒计时、次数显示等相关 UI 的布局。

4) 找不同游戏核心功能制作

(1) 在场景中创建 GameManager 对象。

(2) 在 Scripts 目录下创建 C# 脚本文件 GameManager.cs，控制整个游戏进度脚本，并在此处完成游戏最快纪录存档与显示。

```
using System.Collections;
using System.Collections.Generic;
using UnityEngine;
using UnityEngine.UI;
```

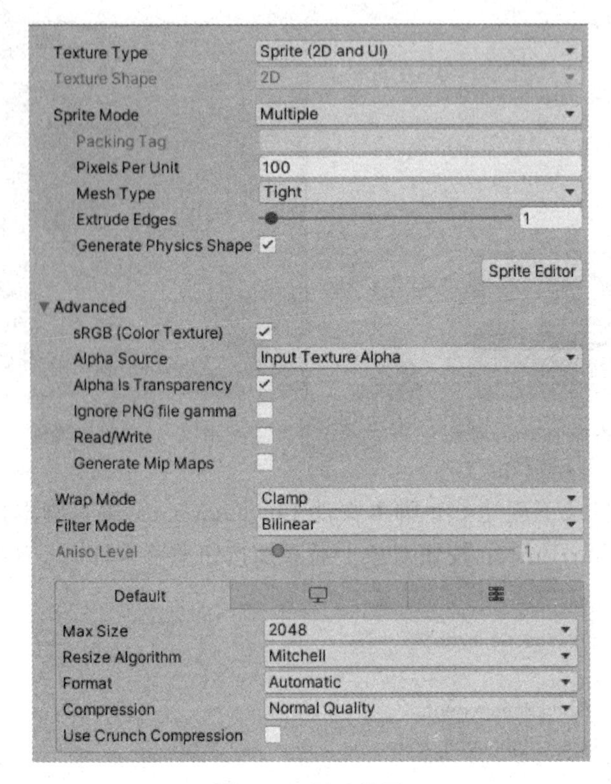

图 2-33 图片设置

图 2-34 图片分割

```
using UnityEngine.SceneManagement;
public class GameManager : MonoBehaviour
{
    public int index = 0;                              //已经找到的不同次数
    public static GameManager instance;                //GameManager 单例
    public AudioSource As;                             //音频资源控制
```

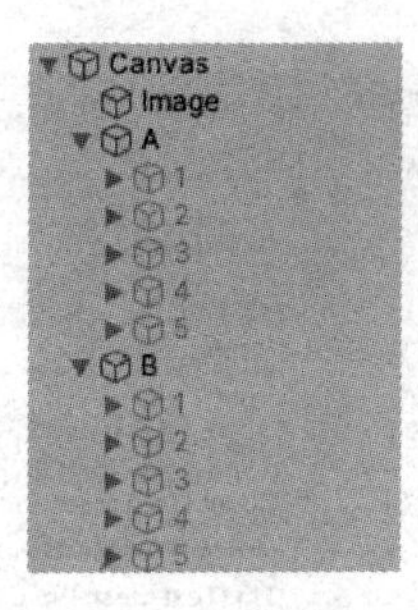

图 2-35　UI界面对象列表设置

```
    public AudioClip[] clip;                                  //音频片段
    public Text t_Score;                                      //显示次数
    public Text t_Time;                                       //历史最快时间
    public Text t_NowTime;                                    //当前游戏所用时间
    float tt = 0;                                             //用于计时
    private int sceneNum;                                     //记录场景编号
    private void Awake()
    {
        DontDestroyOnLoad(this);
        sceneNum = SceneManager.GetActiveScene().buildIndex;
        instance = this;
        t_Time.text = "历史最快时间" + PlayerPrefs.GetFloat("FastTime", 1200).ToString
("f2") + "秒";
    }
    void Update()
    {
        tt += Time.deltaTime;
        t_NowTime.text = tt.ToString("f2") + "秒";             //显示计时
        t_Score.text = (5 - index).ToString();                //显示剩余不同数量
        GameOver();
    }
    void GameOver()
    {
        if (index == 5)
        {
            if (tt < PlayerPrefs.GetFloat("FastTime", 1200))  //当游戏结束时存储最快游戏
                                                                时间记录
            {
                PlayerPrefs.SetFloat("FastTime", tt);
            }
            Application.Quit();                               //退出游戏
        }
    }
}
```

(3) 在GameManager对象上添加AudioSource组件后完成GameManager对象的赋值,如图2-36所示。

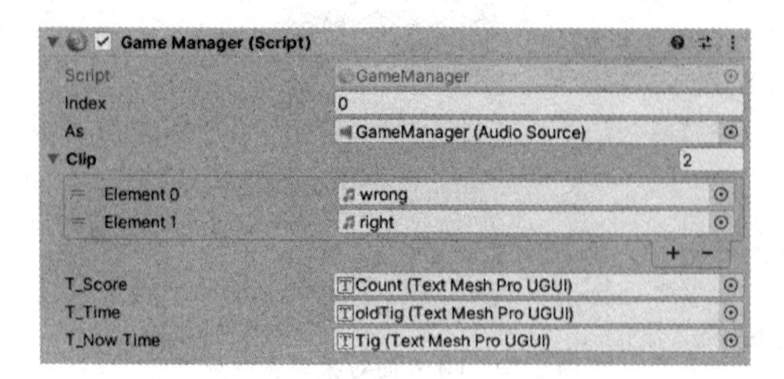

图 2-36　添加 GameManager. cs

（4）在 Scripts 目录下创建 C＃脚本文件 ClickEvent. cs，完成找不同核心功能之后在每个要单击的对象上进行挂载。

```
using System.Collections;
using System.Collections.Generic;
using UnityEngine;
using UnityEngine.UI;
using UnityEngine.EventSystems;
public class ClickEvent : MonoBehaviour, IPointerDownHandler{

    public Image img;                                          //声明一个图片对象
    private bool isOne;                                        //执行一次的标志位

    public void OnEnable()
    {
        isOne = true;
        if (transform.parent.name == "A")                      //判断挂载对象父对象是否名称为 A
        {
            img = GameObject.Find("Canvas/B/" + gameObject.name).transform.GetChild(0).
GetComponent<Image>();                                         //赋值
        }
        else
        {
            img = GameObject.Find("Canvas/A/" + gameObject.name).transform.GetChild(0).
GetComponent<Image>();
        }

        this.transform.GetChild(0).GetComponent<Image>().color = new Color(1, 1, 1, 0);
    }
    public void OnPointerDown(PointerEventData eventData) //单击事件
    {
        if (this.transform.GetChild(0).GetComponent<Image>().color.a<1)
        {
            this.transform.GetChild(0).GetComponent<Image>().color = new Color(1, 1, 1, 1);
            img.color = new Color(1, 1, 1, 1);
            GameManager.instance.index++;
            isOne = false;
            GameManager.instance.As.clip = GameManager.instance.clip[1];  //设置正确音效片段
            GameManager.instance.As.Play();                    //播放正确音效
```

```
        }
    }
}
```

(5) 在 Scripts 目录下创建 C#脚本文件“LoadImg. cs”,完成新场景对象赋值,之后在每个要单击的对象上进行挂载。

```
using System.Collections;
using System.Collections.Generic;
using UnityEngine;
using UnityEngine.UI;
public class LoadImg : MonoBehaviour
{
    void Awake()
    {
        GameManager.instance.t_Score = GameObject.Find("Canvas/Image/Score").GetComponent
<Text>();
        GameManager.instance.t_Time = GameObject.Find("Canvas/Image/FastTime").
GetComponent<Text>();
        GameManager.instance.t_NowTime = GameObject.Find("Canvas/Image/NowTime").
GetComponent<Text>();

    }
}
```

(6) 在 Scripts 目录下创建 C#脚本文件“ClickBGEvent. cs”,完成错误音频播放功能,之后在游戏对象 A、B 上挂载。

```
using System.Collections;
using System.Collections.Generic;
using UnityEngine;
using UnityEngine.EventSystems;
public class ClickBGEvent : MonoBehaviour, IPointerDownHandler
{
    public void OnPointerDown(PointerEventData eventData)
    {
        GameManager.instance.As.clip = GameManager.instance.clip[0];
        GameManager.instance.As.Play();
    }
}
```

(7) Main Camera 对象上在游戏场景的目录下创建 C#脚本文件 LoadImg. cs,完成新场景对象赋值,之后在每个要单击的对象上进行挂载。

(8) 完善项目。在场景合适位置显示历史最快成绩,相关代码在步骤(2)中已给出。

5) 项目发布与调试

(1) 在编辑器状态下运行游戏,检查是否有代码报错、镜头位置偏差、UI 布局不合理、素材效果不准确等情况,修改项目,完成编辑器内调试工作。

(2) 检查无误后单击 File 文件菜单,选择 BuildSetting 选项,添加要发布的场景,选择发布平台,单击 Build 按钮将程序发布在桌面上,如图 2-37 所示。

(3) 运行游戏,如图 2-38 所示。

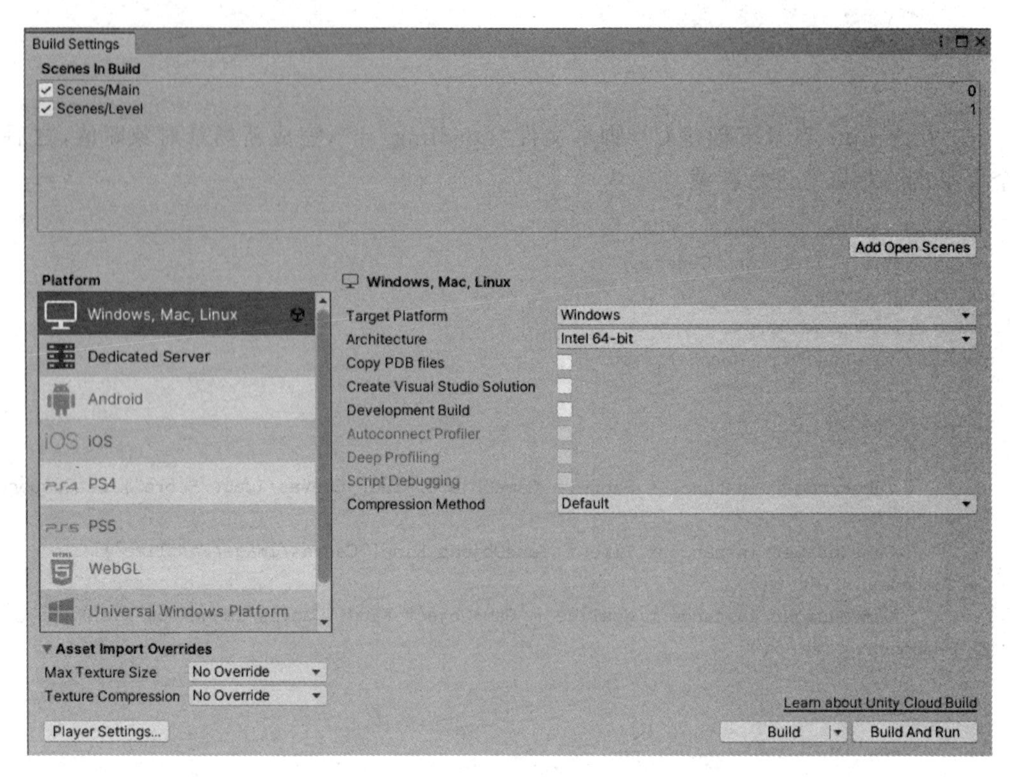

图 2-37 项目发布

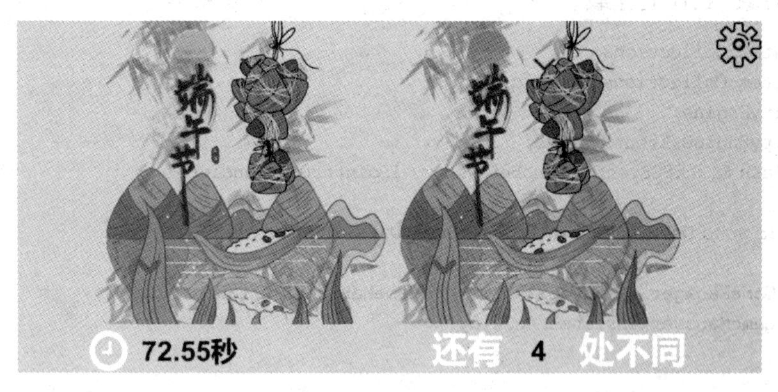

图 2-38 运行游戏界面

2D 找不同
场景搭建

2D 找不同
工程源码

6）问题解决

游戏制作过程中是否出现问题？若出现请分析问题原因，并说明是如何解决的。

7）项目验收

（1）在本任务中，你是甲方还是乙方？

（2）在一般 2D 游戏制作项目中，甲方与乙方的关系是什么？

（3）填写验收报告（表 2-10）。

表 2-10　验收报告

项目名称			
用户单位		联系人	
地址		电话	
实施单位		联系人	
地址		电话	
项目负责人		开发周期	
项目概况			
现存问题		完成时间	
改进措施			
材料移交			
验收结果	主观评价	客观测试	项目质量

教学活动 3：评价

学习目标

（1）能够客观地对本小组进行成绩认定。

（2）提高学生的职业素养意识。

学习过程

（1）填写专业能力评价表 2-11。

表 2-11　专业能力评价表

评分要素	配分	评 分 标 准	得分	备注
一、基本要求	2	文件命名：与客户需求一致 2 分		
	2	文件保存位置：与客户需求一致 2 分		
	2	文件格式：与客户需求一致 2 分		
	2	文件运行：格式正确且能正常打开 2 分		
	2	游戏帧率：不低于 60FPS 2 分		

续表

评分要素	配分	评 分 标 准	得分	备注
二、功能效果	20	主界面效果10分 游戏界面效果10分		
	20	实现找不同介绍5分 实现找不同游戏核心功能5分 实现UI界面搭建5分 交互方式符合用户要求5分		
	20	实现游戏计时功能5分 实现存档成绩功能5分 实现音频播放控制功能5分 实现选关功能5分		
三、整体效果	10	游戏完整度10分		
	10	游戏流畅性、交互准确10分		
四、职业素养	10	① 职业意识,无消极行为,如拒绝任务等2分 ② 职业规范,无作弊行为等2分 ③ 团队协作,分工有序、组内无争议2分 ④ 遵守纪律,无大声喧哗2分 ⑤ 团队风貌良好,衣着整洁2分		
合 计				

(2) 填写任务评价表2-12。

表2-12 任务评价表

<table>
<tr><td colspan="2" rowspan="2">专业能力(50分)</td><td>自我评价
(30%)</td><td>小组评价
(30%)</td><td>教师评价
(40%)</td><td>小计</td><td>总计</td></tr>
<tr><td></td><td></td><td></td><td></td><td></td></tr>
<tr><td colspan="2">职业素质(50分)</td><td>自我评价
(30%)</td><td>小组评价
(30%)</td><td>教师评价
(40%)</td><td>小计</td><td>总计</td></tr>
<tr><td rowspan="8">综合能力</td><td>自主学习能力
5分</td><td></td><td></td><td></td><td></td><td rowspan="8"></td></tr>
<tr><td>团队协作能力
10分</td><td></td><td></td><td></td><td></td></tr>
<tr><td>沟通表达能力
5分</td><td></td><td></td><td></td><td></td></tr>
<tr><td>搜集信息能力
10分</td><td></td><td></td><td></td><td></td></tr>
<tr><td>解决问题能力
5分</td><td></td><td></td><td></td><td></td></tr>
<tr><td>创新能力
5分</td><td></td><td></td><td></td><td></td></tr>
<tr><td>安全意识
5分</td><td></td><td></td><td></td><td></td></tr>
<tr><td>思政考核
5分</td><td></td><td></td><td></td><td></td></tr>
<tr><td colspan="6">总成绩(知识、能力、素质)</td><td></td></tr>
</table>

教学活动4：总结

学习目标

（1）能以小组形式，对学习过程和实训成果进行汇报总结。

（2）能以小组的形式，完成多关卡找不同游戏。

学习过程

1）经验总结

（1）通过本任务的学习，你最大的收获是什么？

____

____

____

____

____

____

（2）你认为在软件工程项目中，从接受甲方任务到最终交付验收，都要经过哪些环节？

____

____

____

____

____

____

2）汇报成果

本小组是以何种方式进行汇报的？请简要说明汇报思路与内容。

____

____

____

____

____

____

任务练习

实操题

请参照图2-39和图2-40，制作2D记忆翻牌游戏。

记忆翻牌游戏比较简单，虽然要记一下每个牌的位置，但是并没有时间的要求，所以要想全部翻开并不困难。游戏中使用鼠标单击任意两张牌，若相同则可翻开。该游戏考验你的记忆力，力争用最短的时间翻开所有的牌。

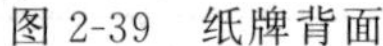

图 2-39 纸牌背面

图 2-40 翻牌效果

任务学习资料

拓展知识

1）鼠标相关事件

（1）UnityUI 事件系统——支持的事件

① IPointerEnterHandler-OnPointerEnter：当指针进入对象时调用。

② IPointerExitHandler-OnPointerExit：当指针退出对象时调用。

③ IPointerDownHandler-OnPointerDown：在对象上按下指针时调用。

④ IPointerUpHandler-OnPointerUp：松开指针时调用（在指针正在单击的游戏对象上调用）。

⑤ IPointerClickHandler-OnPointerClick：在同一对象上按下再松开指针时调用。

⑥ IInitializePotentialDragHandler-OnInitializePotentialDrag：在找到拖动目标时调用，可用于初始化值。

⑦ IBeginDragHandler-OnBeginDrag：即将开始拖动时在拖动对象上调用。

⑧ IDragHandler-OnDrag：发生拖动时在拖动对象上调用。

⑨ IEndDragHandler-OnEndDrag：拖动完成时在拖动对象上调用。

⑩ IDropHandler-OnDrop：在拖动目标对象上调用。

⑪ IScrollHandler-OnScroll：当鼠标滚轮滚动时调用。

⑫ IUpdateSelectedHandler-OnUpdateSelected：每次勾选时在选定对象上调用。

⑬ ISelectHandler-OnSelect：当对象成为选定对象时调用。

（2）鼠标事件

① MouseDownEvent：当指针位于视觉元素内时按下鼠标键时发送 MouseDownEvent。

target：接收鼠标捕获的视觉元素，否则是指针下最上层的可选元素。

② MouseUpEvent：当指针位于视觉元素内时释放鼠标键时触发 MouseUpEvent。MouseUpEvent 是 MouseDownEvent 的互补事件。

target：接收鼠标捕获的视觉元素，否则是指针下最上层的可选元素。

③ MouseMoveEvent：当指针热点在视觉元素内移动时发送 MouseMoveEvent。

target：接收鼠标捕获的视觉元素，否则是指针下最上层的可选元素。

④ WheelEvent：按下鼠标滚轮时发送 WheelEvent。

target：接收鼠标捕获的视觉元素，否则是指针下最上层的可选元素。

⑤ MouseEnterWindowEvent：当指针移动到编辑器窗口时触发 MouseEnterWindowEvent。当进入 Game 视图窗口时，运行时面板不会收到此事件。

target：接收鼠标捕获的视觉元素，否则是指针下最上层的可选元素。

⑥ MouseLeaveWindowEvent：当指针退出编辑器窗口的空间时触发 MouseLeaveWindowEvent。MouseLeaveWindowEvent 与 MouseEnterWindowEvent 相对应。

target：接收鼠标捕获的视觉元素，否则返回 null，因为指针不在元素上。

⑦ MouseEnterEvent：当指针移动到视觉元素或其后代之一时发送 MouseEnterEvent。

target：鼠标指针下的视觉元素或其后代之一。

⑧ MouseLeaveEvent：当指针移动到视觉元素之外时触发 MouseLeaveEvent。与 MouseOutEvent 的不同之处在于，此事件将发送到鼠标退出的每个元素。此事件不会传播。

target：鼠标指针退出的视觉元素（或其后代之一）。

⑨ MouseOverEvent：当指针进入一个元素时发送 MouseOverEvent。此事件与 MouseEnterEvent 不同，因为此事件仅发送到鼠标进入的元素。

target：位于鼠标指针下的视觉元素。

⑩ MouseOutEvent：当指针设备将指针移动到视觉元素的边界之外时触发 MouseOutEvent。

与 MouseLeaveEvent 的不同之处在于，MouseOutEvent 在离开视觉元素到任何其他元素时发送，而 MouseLeaveEvent 在从视觉元素转换到后代元素时不发送。

target：鼠标指针退出的视觉元素。

⑪ ContextualMenuPopulateEvent：当需要使用菜单项填充上下文菜单时由 ContextualMenuManager 发送的事件。

2）Dictionary 简单用法

声明了键（即标识符）和值的类型。将标识符相同的物品进行合并，从而增加该标识符的值，字典中 key 只能对应一个值不能对应多个值，线性结构。

基础用法如下。

实例化：Dictionary<key,value> dic=new Dictionary<key,value>()，例

```
Dictionary<int, string> student = new Dictionary<int, string>();
```

（1）添加：Dic. Add(key,value)给字典添加值，例

```
student.Add(1, "newValue");
```

(2) 删除：Dic. Remove(key) 删除指定值，例

```
student.Remove(1);
```

(3) 访问：Dic[key]表示 key 所对应的值，例

```
student[0];
```

(4) 判断空：Dic. ContainsKey(key)判断 key 是否存在，例

```
student.ContainsKey(1)
```

3) List 简单用法

List 是一种类型(将被列入列表的类型)声明。当收集同一种类的多个物品时，将看到的所有物品都列出，而不是将同类型的物品合并。

基础用法如下。

实例化：List < T > list= new List < T >()，例

```
List<string> list = new List<string>();
```

List 中的常用方法如下。

(1) 增加元素，例

```
list.Add("123");
```

(2) 删除元素，具体有以下三种。

① List. Remove(T item) 删除一个值，例

```
mList.Remove("123");
```

② List. RemoveAt(int index)； 删除下标为 index 的元素，例

```
mList.RemoveAt(0);
```

③ List. RemoveRange(int index, int count)； 从下标 index 开始，删除 count 个元素，例

```
mList.RemoveRange(1, 3);  //超出删除的范围会出错
```

(3) 插入元素。

Insert(int index, T item)；在 index 位置添加一个元素，例

```
list.Insert(1, "newWords");  //在位置 1 添加元素 newWords
```

(4) 判断 List 中是否包含某元素 List，例

```
List.Contains(T item)  返回 true 或 false，通常用 if 语句判断
```

(5) 清空元素：List. Clear()。

(6) 获取 List 元素的数量：List. Count()。

(7) List 与数组之间的转换有以下两种。

① 从 T[]转化成 List < T >，例

```
static int[]num = {1,2,3};
List<int> list = new List<int>(num);
```

② 从 List < T >转化成 T[]，例

```
List<int> list = new List<int>();
```

```
String str = list.ToArray();
```

4）数据持久化_PlayerPrefs

PlayerPrefs 是 Unity 提供的可以用于存储和读取玩家数据的公共类，PlayerPrefs 的数据存储类似于键值对存储，一个键对应一个值，它提供了三种可存储的数据类型是：int、float、string。

键：string 类型。

值：int、float、string 对应三种 API。

PlayerPrefs 的局限性是，它只能存储三种数据类型，PlayerPrefs 的主要作用是单独使用它的原生功能，非常适合存储一些对安全性要求不高的简单数据。

（1）存储数据。

```
PlayerPrefs.SetInt("Number", 123456);
PlayerPrefs.SetFloat("Score", 12.8f);
PlayerPrefs.SetString("Name", "姓名");
PlayerPrefs.Save();
```

（2）读取数据。

```
int number = PlayerPrefs.GetInt("Number");
string name = PlayerPrefs.GetString("Name");
float score = PlayerPrefs.GetFloat("Score");
```

（3）删除数据。

```
PlayerPrefs.DeleteAll();
PlayerPrefs.DeleteKey("Score");
```

（4）判断键是否存在。

```
PlayerPrefs.HasKey("KeyName");
```

（5）PlayerPrefs 存储的数据的位置。

① Windows 平台：

HICU\Software[公司名称][产品名称] 项下的注册表中

其中，公司名称和产品名称是在“Project Settings”中设置的名称。

Win + R 运行—regedit—HKEY _ CURRENT _ USER—SOFTWARE—Unity—UnityEditor—公司名—产品名

② Android 平台：

/data/data/包名/shared_prefs/pkg-name.xml

③ IOS 平台：

/Library/Preferences/[应用 ID].plist

（6）PlayerPrefs 数据唯一性。PlayerPrefs 中不同数据的唯一性是由 key 决定的，不同的 key 决定了不同的数据。如果一个项目中不同数据的 key 相同，会造成数据丢失。

学习任务三

3D 草船借箭游戏制作

课程前置

1. 认识光源

光源（Lights）是每个场景的重要组成部分。网格和纹理决定了场景的形状和外观，而光源则决定了三维环境的颜色和氛围。可能会在每个场景中使用多个光源。本任务首先要来了解一下光源的类型以及其对应的属性。

光源类型：Unity 2021 中有 4 种灯光（图 3-1）。创建灯光的方式同创建其他游戏对象的方式相似，如图 3-2 所示。

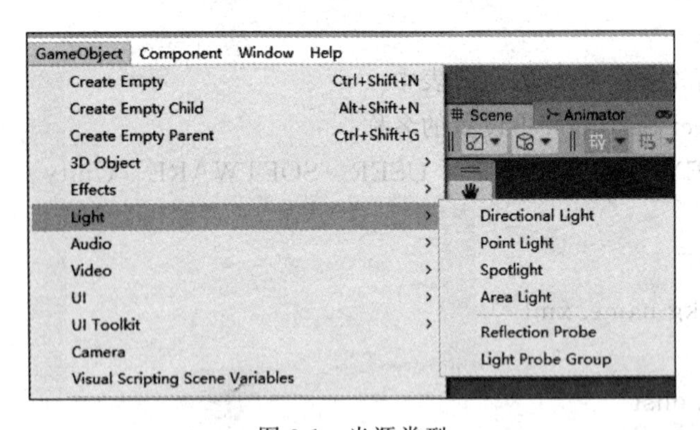

图 3-1 光源类型

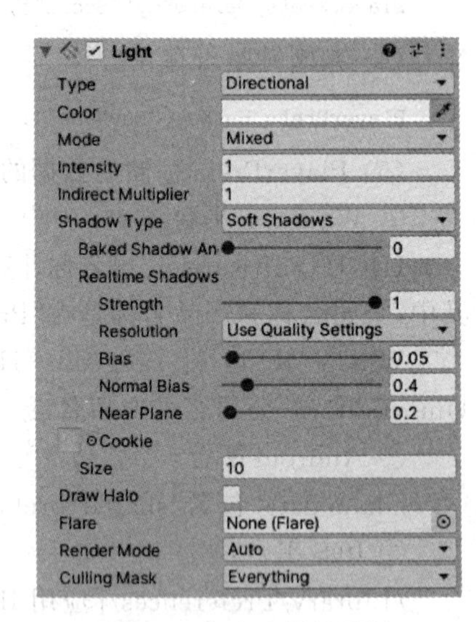

图 3-2 方向光属性面板

Directional Light：方向光，放置在远处，类似太阳光（图 3-3）。

Point Light：点光源，类似蜡烛（图 3-4）。

Spotlight：聚光灯，类似手电筒（图 3-5）。

Area Light：区域光，无法用作实时光照，一般用于光照贴图烘焙。

图 3-3　方向光

图 3-4　点光源

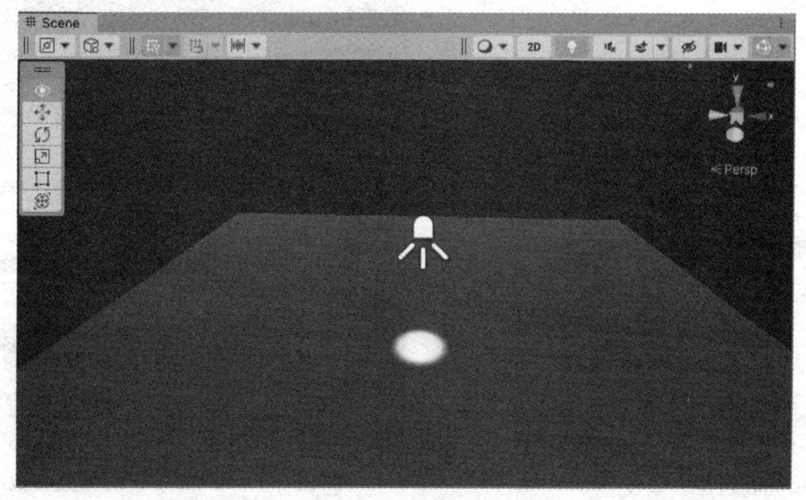

图 3-5　聚光灯

Light 属性参数名及函义如表 3-1 所示。

表 3-1 Light 属性参数名及含义

参数名	含　义
Type	光源类型,可以在以上四种形式的光源间进行切换
Range	设置光源范围的大小,从光源对象的中心发射的距离,只有 Point 和 Spotlight 有该参数
Color	光源的颜色
Intensity	光源的强度
Cookie	用于为光源设置拥有 alpha 通道的纹理贴图,不同地方有不同的亮度。如果是聚光灯(Spotlight)和方向光(Directional Light),可以指定一个 2D 纹理。如果是一个点光源(Point light),必须指定一个 Cubemap(立方体纹理)
Cookie Size	用于控制缩放 Cookie 投影,只有方向光(Directional Light)有该参数
Shadow Type	阴影类型:No Shadows,无阴影灯光不产生阴影,新建场景后默认生成的平行光就是无阴影的。Hard Shadows,硬阴影,阴影边缘清晰。Soft Shadows,软阴影,阴影边缘柔和,有过渡效果
Draw Halo	勾选此项,光源会开启光晕效果
Flare	耀斑/炫光,镜头光晕效果
Render Model	渲染模式:Auto,自动,根据光源的亮度以及运行时、Quality Settings 的设置来确定光源的渲染模式; Important,重要,逐像素进行渲染,一般用于非常重要的光源渲染;Not Important,光源总是以最快的速度进行渲染
Culling Mask	剔除遮蔽图,只有被选中的层所关联的对象将受到光源照射的影响

例:在 Unity 编辑器中分别创建这四种光源、观察效果。

区域光 AreaLight:只能在光照烘焙完成后才能显示出效果,一般用于模拟灯管的照明效果。下面详细介绍 Area Light 的使用步骤。

(1) 选中需要烘焙的物体,标记为 Contribute GI,如图 3-6 所示。

(2) 设置 AreaLight 的相关参数,如图 3-7 所示。

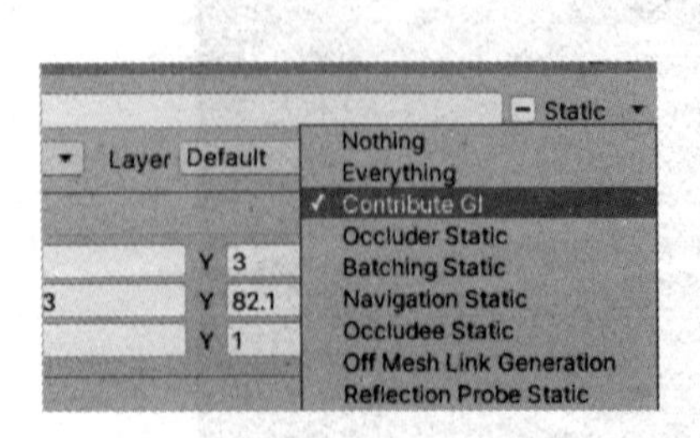

图 3-6 标记静态物体类型为 Contribute GI

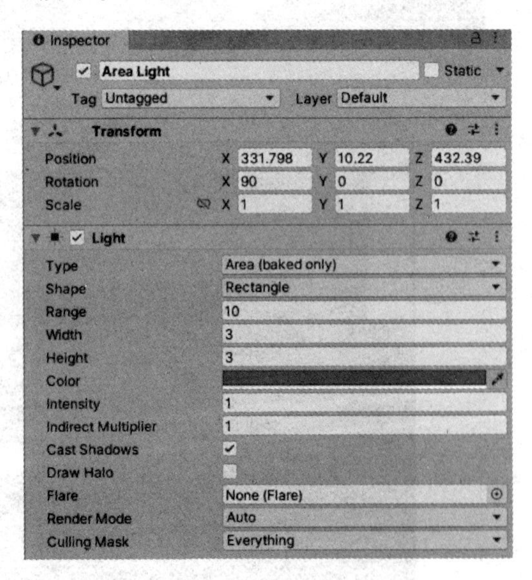

图 3-7 AreaLight 的相关参数

（3）单击菜单栏中的 Window→Rendering→Lighting→Settings。

（4）取消复选框 Auto Generate，在下拉列表中选择 Generate Lighting 后单击此选项进行烘焙，如图 3-8 所示。最终效果如图 3-9 所示。

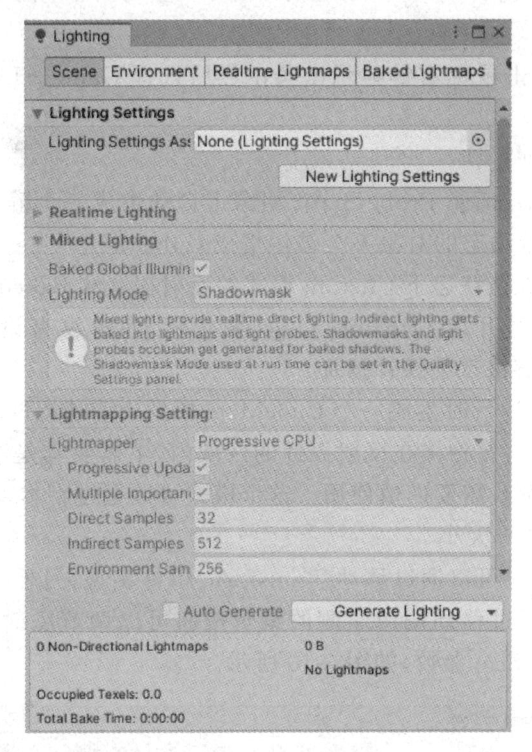

图 3-8　烘焙光照

图 3-9　烘焙后效果

2. 反射探针

反射探针是用于捕获周围环境的光反射信息，捕获的图像将被存储为 Cubemap 和能在游戏对象上使用的反射材质。利用多个反射探针，可以根据周围环境的变化得到逼真的效果。

1）创建反射探针

在游戏对象列表单击鼠标右键显示出菜单栏后选择 Game→Light→Reflection Probe 即可。

2）反射探针的三种类型

Baked：标记了 Reflection Probe Static 对象上自动生成一个静态 CubeMap，烘焙只出现在编辑器中，这意味着动态的对象不会被烘焙成 CubeMap。

Custom：自定义，默认状态下 Custom 模式的反射探针和 Baked 模式的效果基本相同。区别是这个模式下，通过开启 Dynamic Objects 功能，使得没有设置为 Reflection Probe Static 的动态物体也能够被反射探针捕捉。

Realtime：实时，在运行时生成一个 CubeMap，根据当前捕捉区域内的物体的移动而实时变化反射的效果。只需要物体在反射探针的区域内，不需要其是静态的。这个模式十分消耗性能，移动端上的游戏需要谨慎使用。这个模式可以通过脚本来进行控制。

3）反射探针的位置与大小

反射探针位置的变化可以通过移动 Transform 组件实现，另外一种方式是使用反射探针组件上的移动按钮，通过移动按钮左侧的编辑按钮可以调节反射探针的捕捉范围，或者直接修改组件中的 Box Size 参数，如图 3-10 所示。

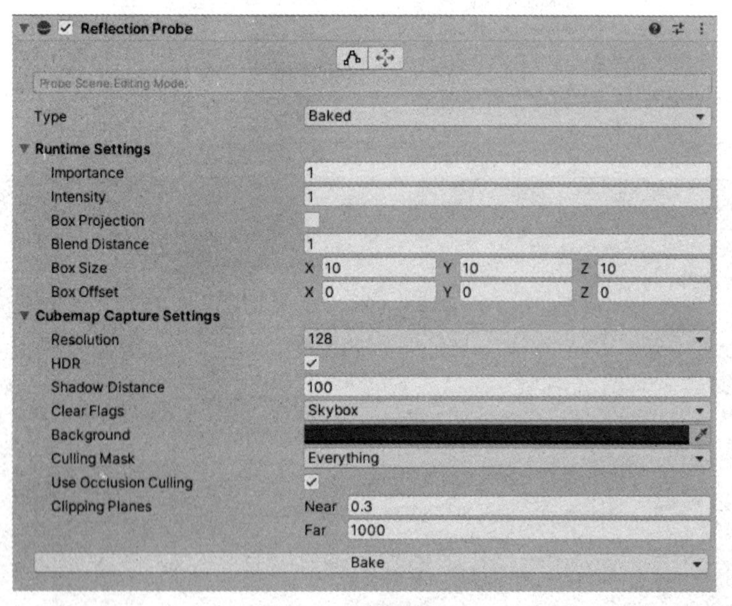

图 3-10　反射探针属性

4）多次反射

可以通过 Window→Rendering→Lighting 中 Environment 分项里的 Environment Reflections 下的 Bounces 参数来修改反射次数，最大相互反射为 5 次，如图 3-11 所示。

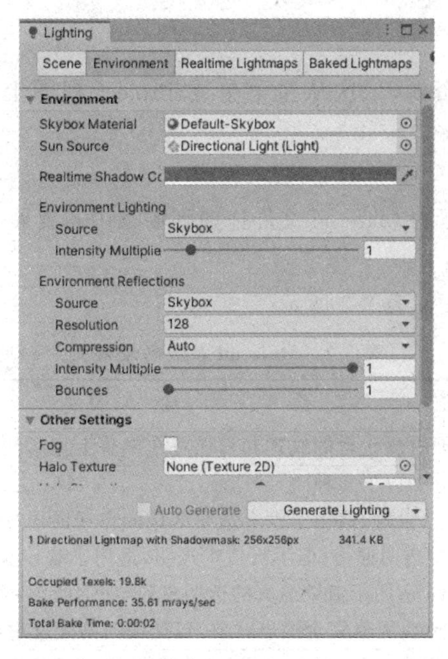

图 3-11　多次反射

3. 材质编辑器

在 Unity 中，可以同时使用材质和着色器来定义场景的外观。要在 Unity 中绘制某物，必须提供描述其形状的信息以及描述其表面外观的信息。使用网格可描述形状，使用材质可描述表面的外观。材质编辑器属性如图 3-12 所示。

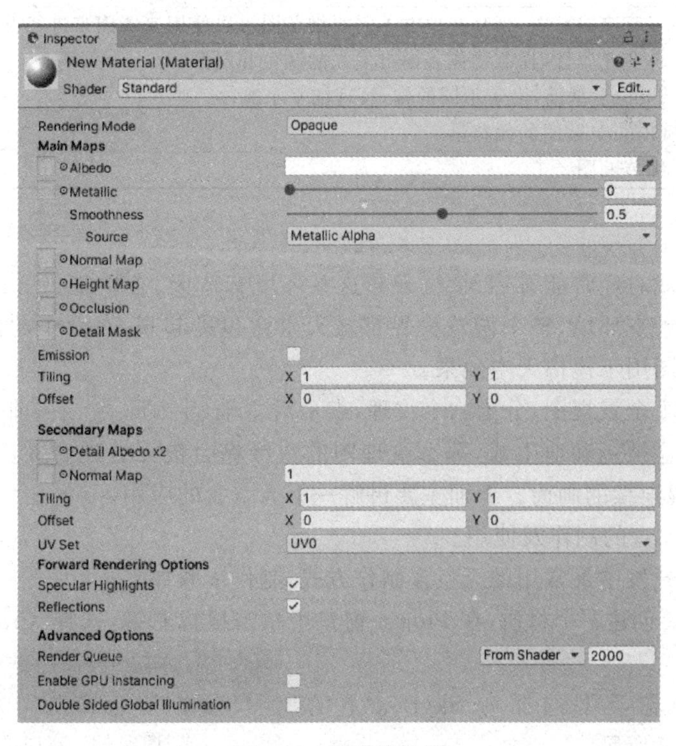

图 3-12　材质编辑器

1）创建材质

在项目中创建新材质资源，依次从主菜单或 Project 视图上下文菜单中选择 Assets→Create→Material。

2）材质的应用

将项目中 Assets 目录下的 Material 文件拖拽到场景中需要展示材质效果的游戏对象上。

3）材质的参数

Material 参数名及含义如表 3-2 所示。

表 3-2 Material 参数名及含义

参数名	含义
shaders	着色器，根据材质包含的纹理和材质将在屏幕上显示的像素颜色的脚本
Rendering Mode	渲染模式，分为以下 4 种 Opaque：默认设置，适用于没有透明区域的普通固体物体，如制作石头、金属 Cutout：支持透明通道，但不支持半透明，适用于制作非半透明的叶子、鲜花等 Transparent：适用于渲染逼真的透明材料，如透明塑料或玻璃 Fade：允许透明度值完全淡出对象，包括任何高光反射或可能有的反射
Albedo	漫反射纹理贴图，可以设置其颜色、透明度（透明度需要选择正确的 RenderMode）
Metallic	金属参数，决定了表面的“金属状”。当金属化参数调整到更大时，材质更金属化，它将更多地反映环境
Smoothness	光滑度，设置物体表面的光滑程度，数值越大，反射效果越清晰
Normal Map	法线贴图，描述物体表面的凹凸程度
Heigh Map	高度图，通常是灰度图
Occlusion	遮挡贴图，用于提升模型间接光影效果，间接光源可能来自 Ambient Lighting（环境光）
Detail Mask	细节遮罩贴图，当某些地方不需要细节图可以使用遮罩图来进行设置
Emission	自发光属性，控制物体表面自发光的颜色和贴图 Tiling：平铺，沿着不同的轴，纹理铺平个数 Offset：贴图的偏移量
Secondary Maps	细节贴图

4. 天空盒

玩家在玩游戏时经常能看到天空、云彩这些环境有蓝天、有昏晓，Unity 通过使用天空盒来模拟真实的天空环境，整个游戏世界都被天空盒包裹起来，在盒子的内侧贴上几个方向的天空文理贴图用于模拟天空效果。

天空盒是一个全景视图，分为六个纹理，表示沿主轴（上、下、左、右、前、后）可见的六个方向。如果天空盒被正确地生成，那么纹理图的边缘将会被无缝地合并，从里面的任何方向看，都会是一幅连续的画面。下面主要讲解一下天空盒的应用。

例：六面天空盒的制作及使用。

这种是游戏开发中最常用的天空盒制作方式，制作步骤如下。

（1）首先需要创建一个材质，在 Project 窗口中单击鼠标右键，选择“Create”→“Material”创建材质。

（2）将着色器类型选择为 SkyBox 下的 6 Sided，如图 3-13 所示。

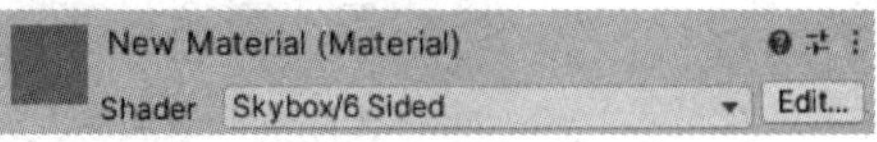

图 3-13 六面天空盒

（3）导入天空盒贴图，将贴图对应到天空盒主轴的上、下、左、右、前、后六个面上，如图3-14所示。

（4）依次选择菜单栏Window→Rendering→Lighting，在Environment分项里设置“SkyBox Material”为上述步骤中的天空盒材质，如图3-15所示，效果如图3-16所示。

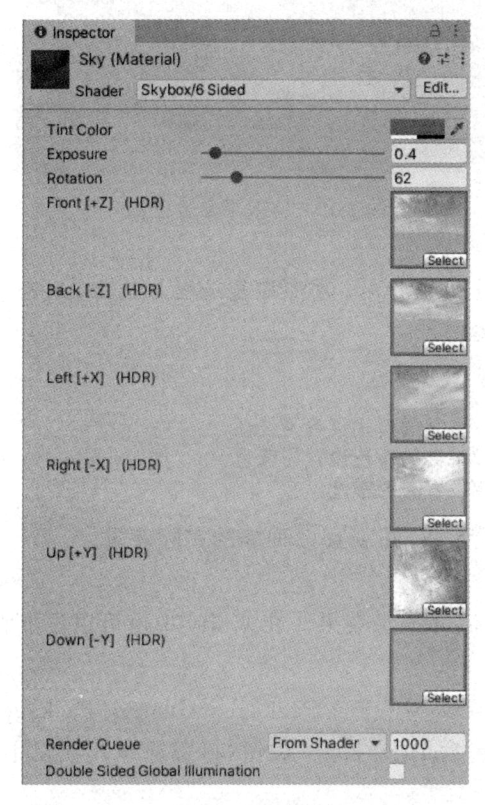

图3-14　天空盒

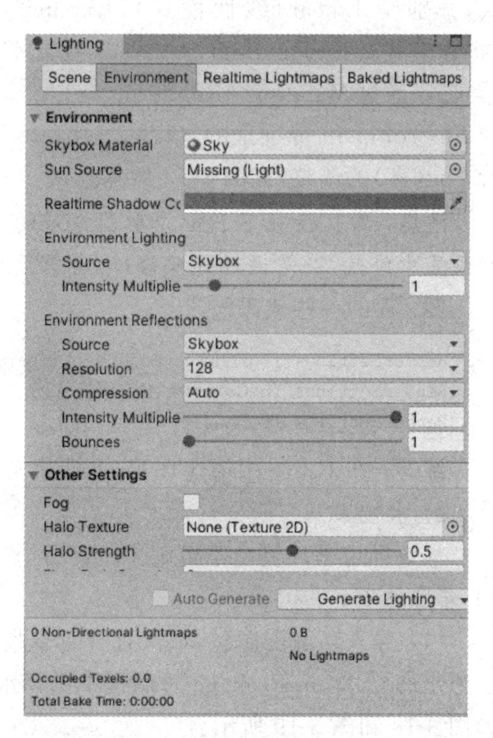

图3-15　设置天空盒

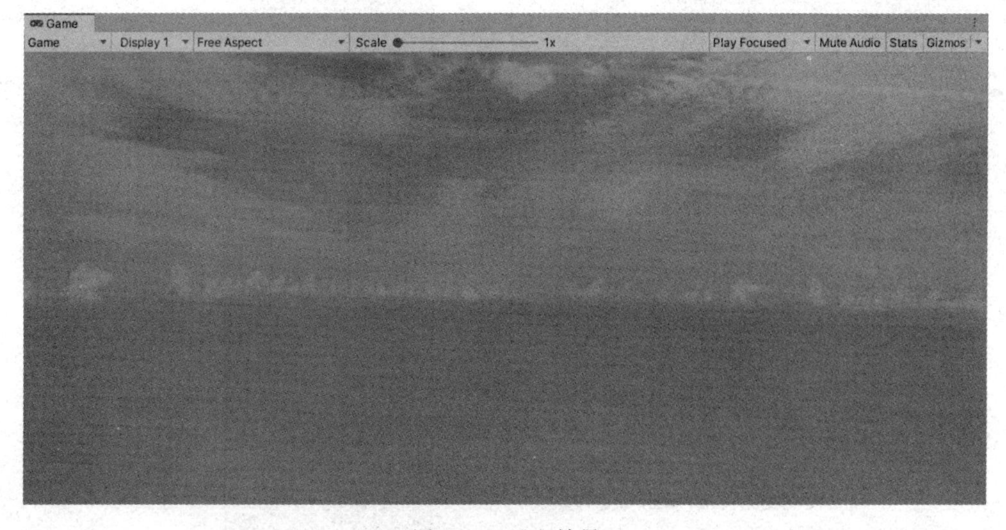

图3-16　天空效果

5. 雾效果和水效果

1）雾效果

雾是真实自然情况的情形之一，制作游戏时为了更好地还原真实场景，有时也需要制作出符合场景需要的雾效效果。

Unity 集成开发环境中雾特效有 3 种模式，分别是 Linear（线性模式）、Exponential（指数模式）、Exponential Squared（指数平方模式）。通过 Window→Rendering→Lighting 中 Environment 分项里的“Other Settings”进行 Fog（雾）的调整，如图 3-17 所示。

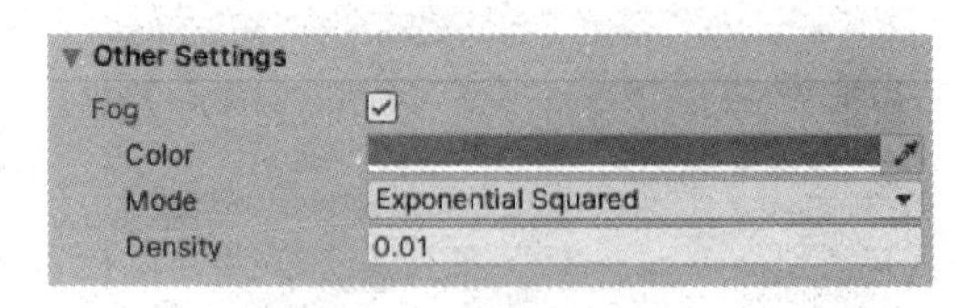

图 3-17 雾效果参数设置

注意：默认情况下 Fog 是取消勾选的，对其进行操作时，需要将复选框勾选上，无论是在设置中修改，还是通过代码修改，都需要进行勾选。

例：雾的一些代码。

```
RenderSettings.fogMode = FogMode.Linear;      //将雾的模式设置为线性
RenderSettings.fogColor = Color.blue;         //将雾的颜色设置为蓝色
RenderSettings.fogDensity = 0.05f;            //设置雾的密度
```

练习：在 Unity 中搭建场景，并设置雾的相关参数，并观察三种雾的实际效果。

2）水效果

水效果也是环境中不可缺少的部分，海洋、河流都是水效果。在 Unity 中也可以添加它们，步骤如下。

（1）导入环境资源包，依次选择菜单栏的 Assets→Import Package→Custom Package，在弹出的 Custom Package 对话框中选择水资源包后单击“打开”按钮，将资源导入项目中，如图 3-18 和图 3-19 所示。

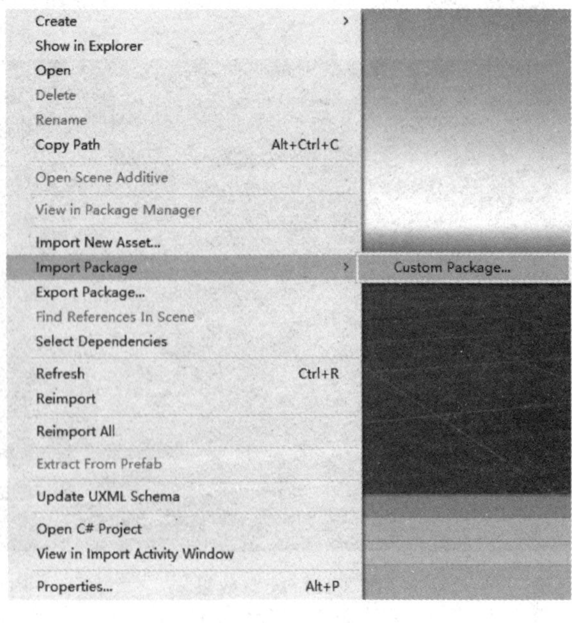

图 3-18 导入水资源包

图 3-19　选择水资源包

(2) 在 Project 项目视图中，依次打开文件夹 Assets → Water → Prefabs，将 WaterProDaytime 预制体拖入场景视图中，调整摄像机观看角度，运行游戏观察水效果，如图 3-20 所示。

图 3-20　水效果添加进场景

6. 地形系统

3D 草船借箭
项目基础

Unity3D 游戏引擎中可以通过两种方式创建地形，一种是通过 Unity 内置的地形引擎，另一种则是将带有大量地形信息的高度图导入地形引擎。

1) 创建地形

(1) 进入 Unity3D 集成开发环境，利用快捷键 Ctrl＋N 新建场景，依次单击菜单栏

GameObject→3D Object→Terrain 菜单创建一个地形，如图 3-21 所示。游戏组成对象列表和游戏资源列表中都会出现相应的地形信息与地形文件，如图 3-22 所示。

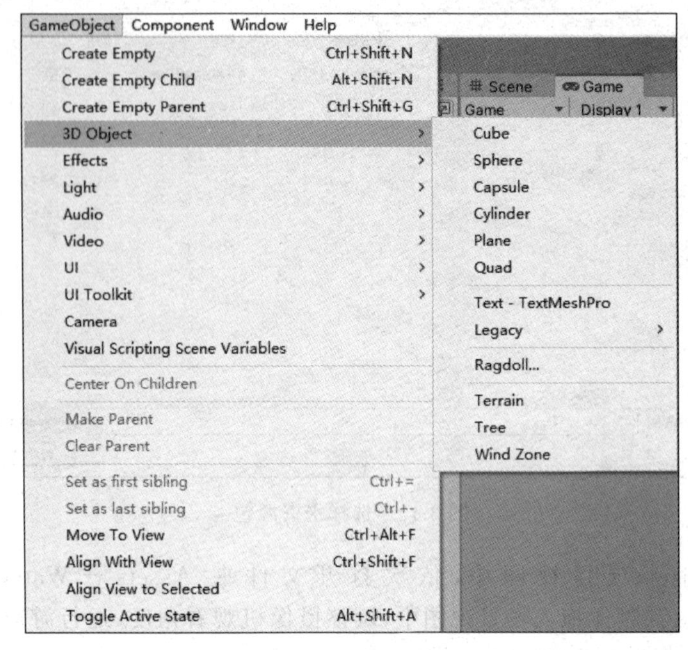

图 3-21 创建地形

(2) 选中 Terrain 游戏对象，其属性面板中会出现 Terrain 组件和 Terrain Collider 组件，如图 3-23 所示。前者负责地形的基本功能，后者充当地形的物理碰撞器。Terrain Collider 组件属于物理引擎方面的组件，实现地形的物理模拟计算。

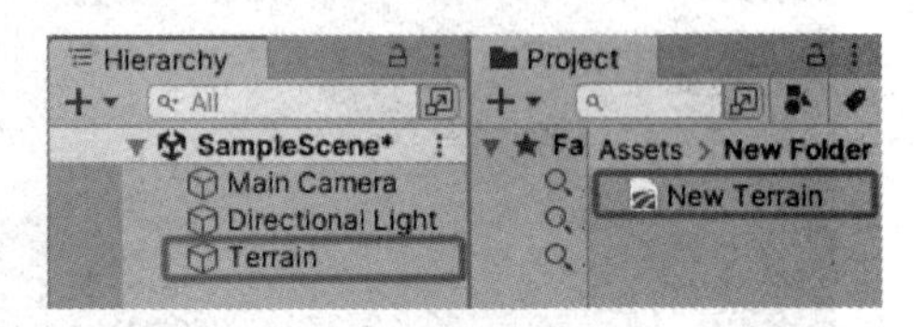

图 3-22 地形信息

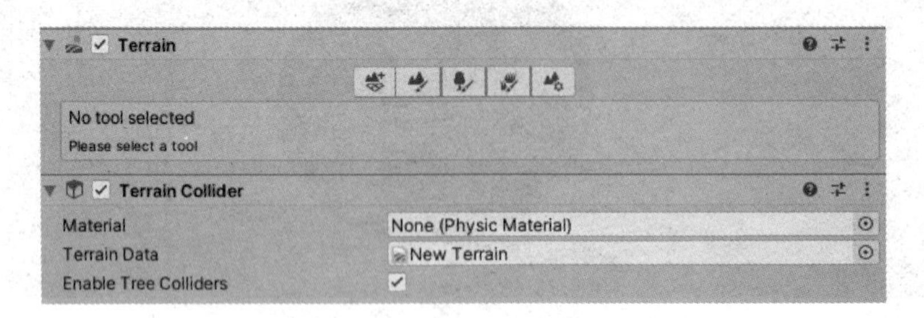

图 3-23 地形工具

工具栏提供以下选项来调整地形：创建相邻的地形瓦片，雕刻和绘制地形，添加树、添加草、花和岩石等细节，更改所选地形的常规设置。

Terrain Collider 组件的相关参数如下。

Material：地形的物理材质，可通过设置物理材质的相关参数分别开发出草地等的效果。

Terrain Date：地形数据参数，用于存储地形高度和其他重要的相关信息。

Enable Tree Collider：是否启用树木的碰撞检测。

2）地形的基本操作

Terrain组件下有一排按钮，分别对应地形的各项操作和设置。

(1) 选中Terrain组件下的第一个按钮，其下的文本区域中会显示出该按钮的名称以及其操作方式，如图3-24所示。

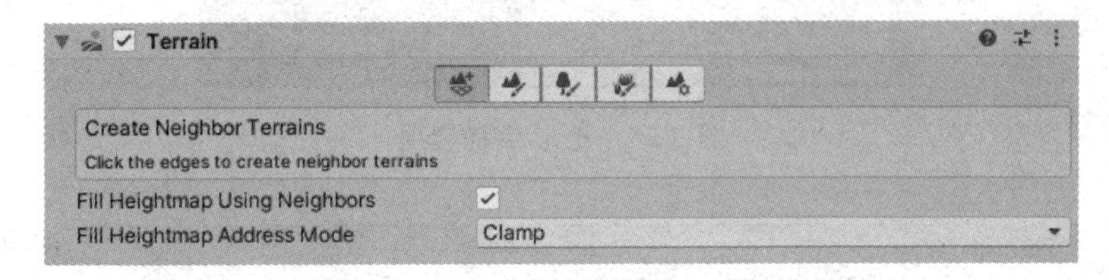

图3-24　地形基本操作

(2) 选中Terrain组件下的第一个按钮，Create Neighbor Terrains工具用于快速创建自动连接的相邻地形瓦片。在Terrain Inspector中，单击Create Neighbor Terrains图标。

选择此工具时，Unity会突出显示所选地形瓦片周围的区域，指示可以在哪些空间内放置新连接的瓦片，如图3-25所示。

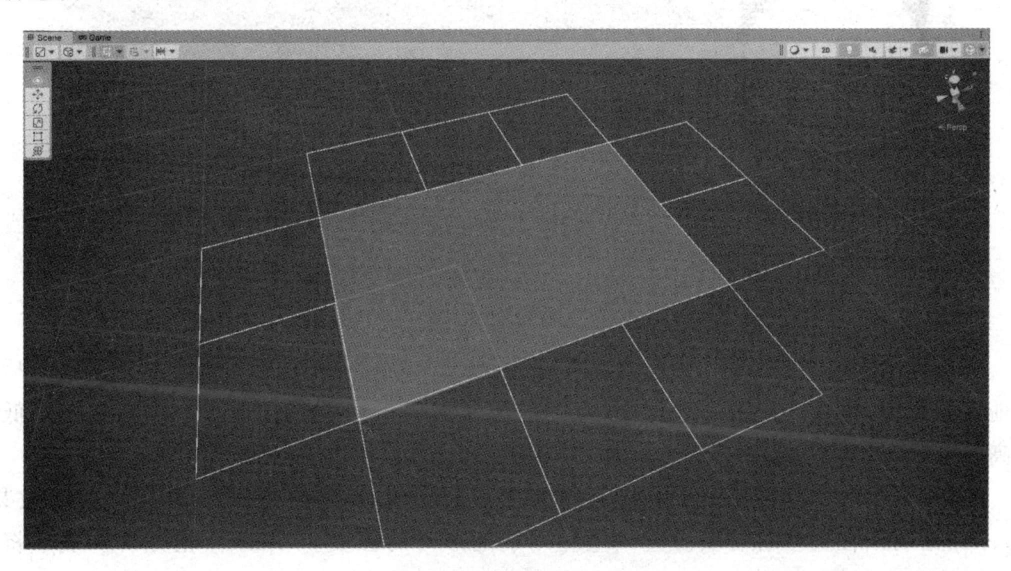

图3-25　创建地形瓦片

选中Fill Heightmap Using Neighbors复选框可使用相邻地形瓦片的高度贴图交叉混合来填充新地形瓦片的高度贴图，从而确保新瓦片边缘的高度与相邻瓦片匹配。

从Fill Heightmap Address Mode下拉菜单中选择一个属性以确定如何对相邻瓦片的高度贴图进行交叉混合。

(3) 选中Terrain组件下的第二个按钮，可以进行地形的绘制，如图3-26所示。Terrain组件提供六种不同的工具：Raise or Lower Terrain，使用画笔工具绘制高度贴图；Paint Holes，隐藏地形的某些部分；Paint Texture，应用表面纹理；Set Height，将高度贴图调整为特定值；Smooth Height，平滑高度贴图以柔化地形特征；Stamp Terrain，在当前高度贴图之上标记画笔形状，如图 3-26 所示，工具如图 3-27 所示。

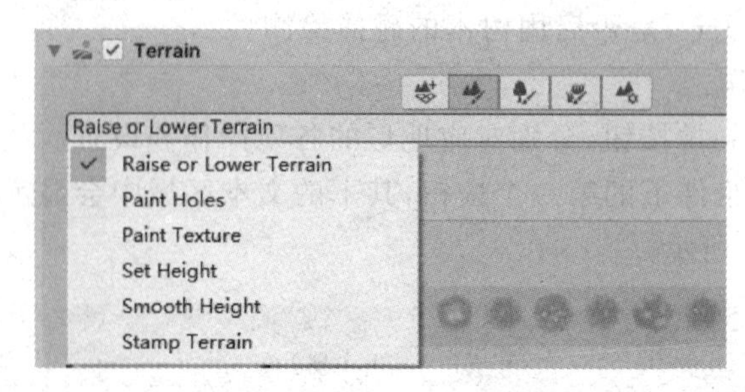

图 3-26 地形绘制选项

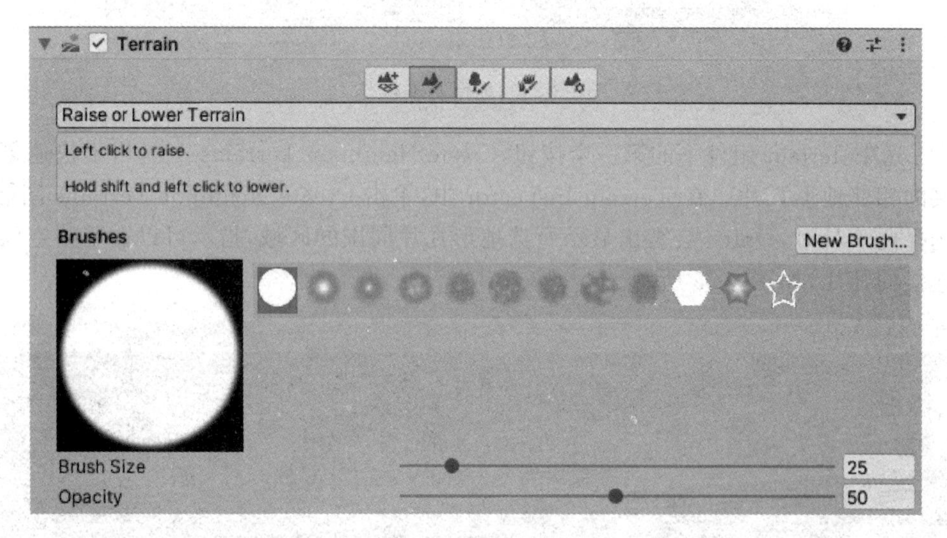

图 3-27 画笔形状

当选择 Raise or Lower Terrain 选项时，可以从 Brushes 中选择合适形状的画笔然后提高地形的高度，也可以在按住键盘 Shift 键的同时按住鼠标左键在地形上进行拖拽降低地形高度。

使用 Brush Size 滑动条可控制工具的大小以创建从大山到微小细节的不同效果。Opacity 滑动条在拖动时可以设置画笔应用于地形时的强度。Opacity 值为 100 表示将画笔设置为全强度，当数值设置为 50 时则画笔设置为半强度。

使用不同的画笔可创建各种效果。可使用软边画笔增加高度，创建山丘，之后使用硬边画笔降低一些区域的高度，切割出陡峭的悬崖和山谷，如图 3-28 所示。

(4) 画笔。将 Paint Texture(绘制纹理)或 Smooth Height(平滑高度)等工具应用于地形时，Unity 会使用画笔(这是地形系统中的 ScriptableObject)。画笔定义了工具的形状和影响强度，具体包括以下两种。

① 内置画笔，如图 3-29 所示。

② 自定义画笔，可根据需要创建具有独特形状或特定参数的自定义画笔。例如，使用特定地质特征的高度贴图纹理定义画笔，然后使用 StampTerrain(地形图章) 工具将该特征

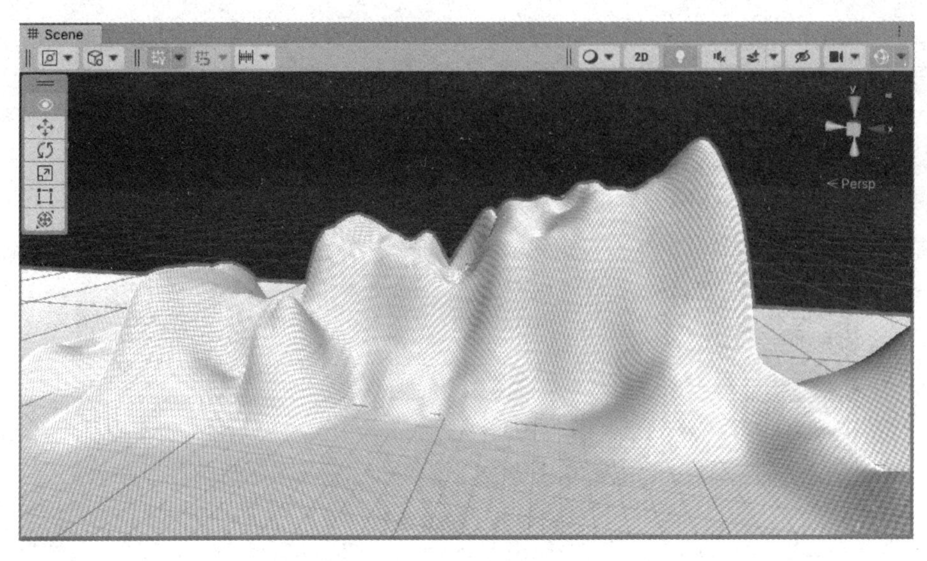

图 3-28　山谷效果

放置在地形上。

如果要创建新画笔，需要单击 Terrain Inspector 窗口中的 New Brush 按钮。单击 New Brush 按钮后，将出现 Select Texture2D 窗口，如图 3-30 所示。在这里选择一个纹理以定义新画笔的形状，然后使用 Brush Inspector 调整 Falloff Curve 和 Falloff Radius Scale 值。

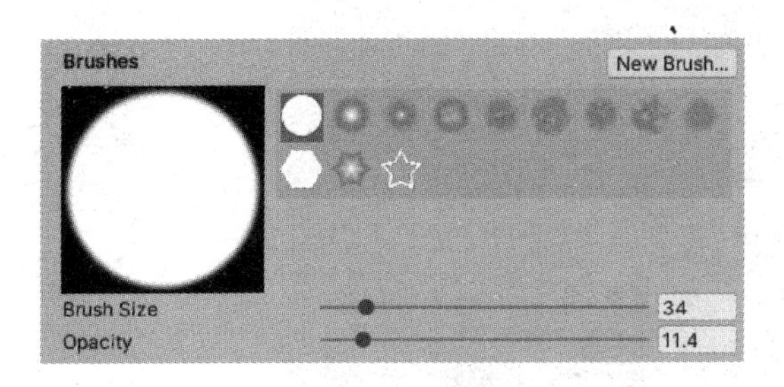

图 3-29　内置画笔

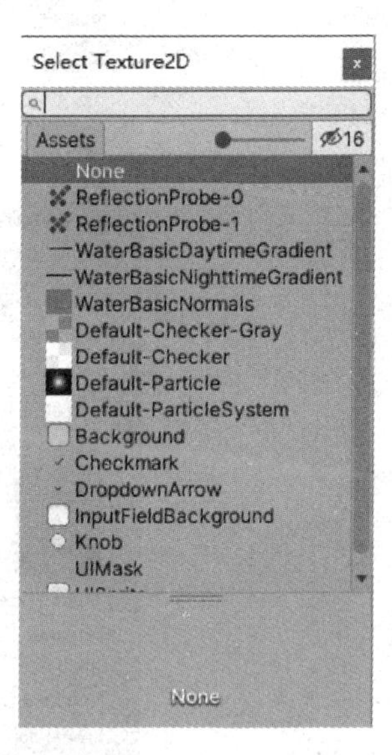

图 3-30　自定义画笔

(5) 选中 Terrain 组件下的第三个按钮，可以进行树木的绘制(图 3-31)。地形最初没有可用的树原型。为了在地形上绘制，需要先添加树原型。单击 Edit Trees 按钮，然后选择 Add Tree。在此处，可从项目中选择树资源(图 3-32)，并将其添加为“树预制件”，以便与画笔结合使用。

添加后可以选择要放置的树进行设置，调整树的位置和特征，如图 3-33 所示。

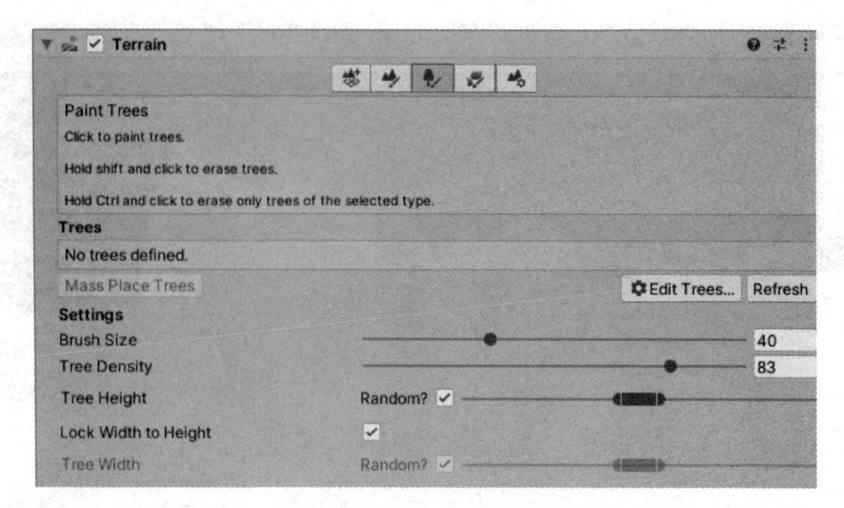

图 3-31 树木绘制

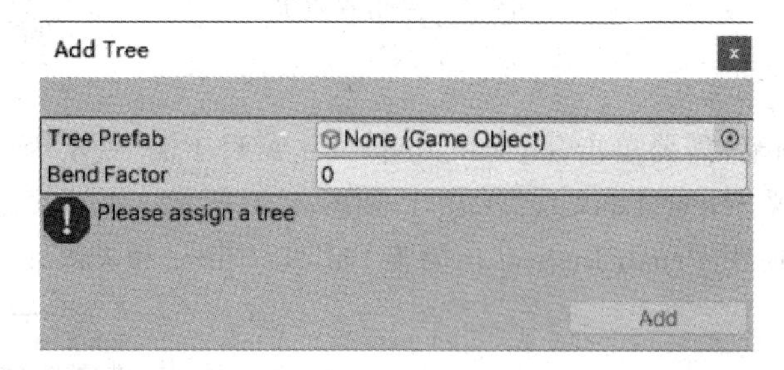

图 3-32 添加树预制件

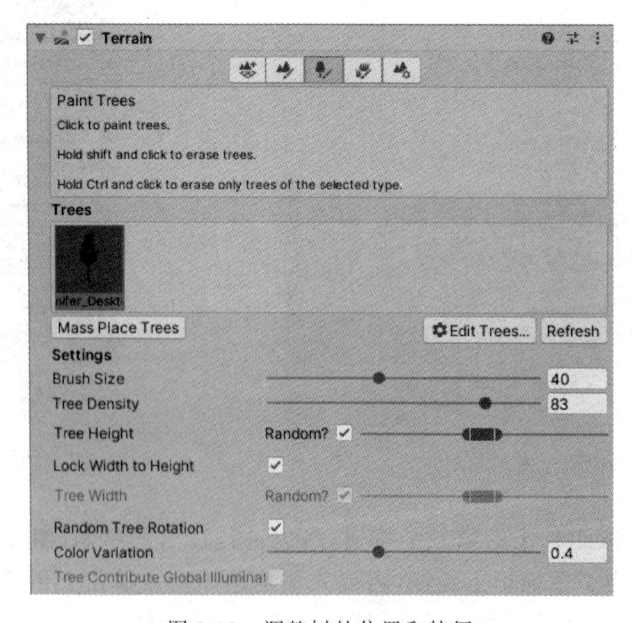

图 3-33 调整树的位置和特征

Terrain 组件属性及功能如表 3-3 所示。

表 3-3　Terrain 组件属性及功能

属　性	功　能
Mass Place Trees	创建一批整体覆盖的树,但不绘制在整个地形上。批量放置树后,仍然可以使用绘制功能来添加或移除树,从而创建更密集或更稀疏的区域
Brush Size	控制可添加树的区域的大小
Tree Density	Tree Density 控制 Brush Size 定义的区域中绘制的树平均数量
Tree Height	使用滑动条来控制树的最小高度和最大高度。将滑动条向左拖动绘制矮树,向右拖动绘制高树。如果取消选中"Random",可以将所有新树的确切高度比例指定为 0.01～2 的范围内
Lock Width to Height	默认情况下,树宽度与其高度锁定,因此始终会均匀缩放树。然而,可以禁用"Lock Width to Height"选项,然后单独指定宽度
Tree Width	如果树宽度未与其高度锁定,则可以使用滑动条来控制树的最小宽度和最大宽度。将滑动条向左拖动绘制细树,向右拖动绘制粗树。如果取消选中"Random",可以将所有新树的确切宽度比例指定为 0.01～2 的范围内
Random Tree Rotation	如果为树配置 LOD 组,使用"Random Tree Rotation"设置来帮助创建随机自然的森林效果,而不是人工种植的完全相同的树。如果要以相同的固定旋转来放置树,需要取消选中此选项
Color Variation	应用于树的随机着色量。仅在着色器读取"Tree Instance Color"属性时有效。例如,用"Tree Editor"创建的所有树的着色器将读取"Tree Instance Color"属性
Tree Contribute Global Illumination	启用此复选框可向 Unity 指示树影响全局光照计算

(6) 选中 Terrain 组件下的第四个按钮,可以在地表绘制一些草丛或者一些小物体(岩石),如图 3-34 所示。单击 Edit Details 按钮可以设置要在地形上绘制的细节,之后在弹出的选项中选择 Add Details Mesh,在 Detail Prefab 选项中选择合适的素材,此处选择岩石素材,如图 3-35 所示。

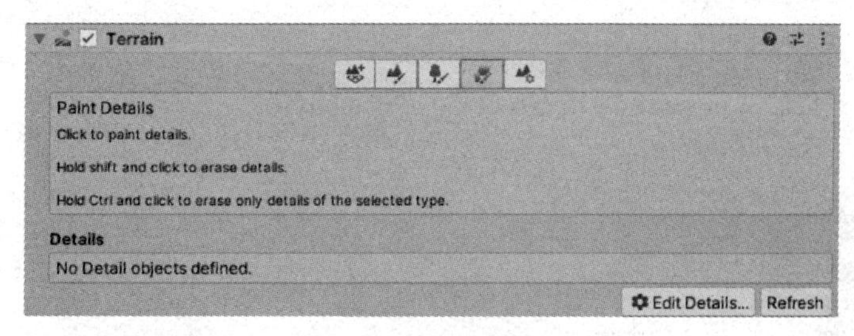

图 3-34　绘制细节

在 Terrain Inspector 窗口中选择 Details 中的岩石素材后设置画笔大小和精度,在地形上绘制岩石,如图 3-36 和图 3-37 所示。

单击 Edit Details 按钮可以设置要在地形上绘制的细节,之后在弹出的选项中选择 Add Grass Texture,在 Detail Texture 选项中选择合适的素材,此处选择草丛素材,如图 3-38 和图 3-39 所示。

(7) 选中 Terrain 组件下的第五个按钮,可以进行一些地形的设置(图 3-40),在 Basic Terrain 面板进行地形的基础设置。

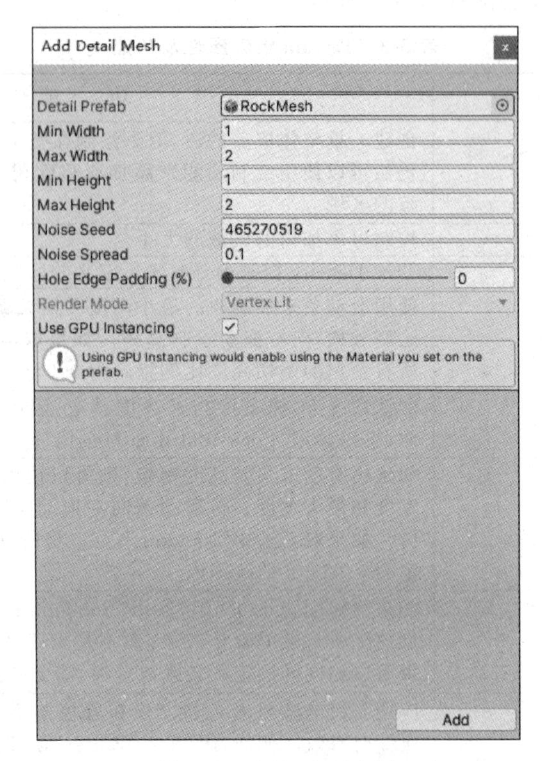

图 3-35 添加岩石素材

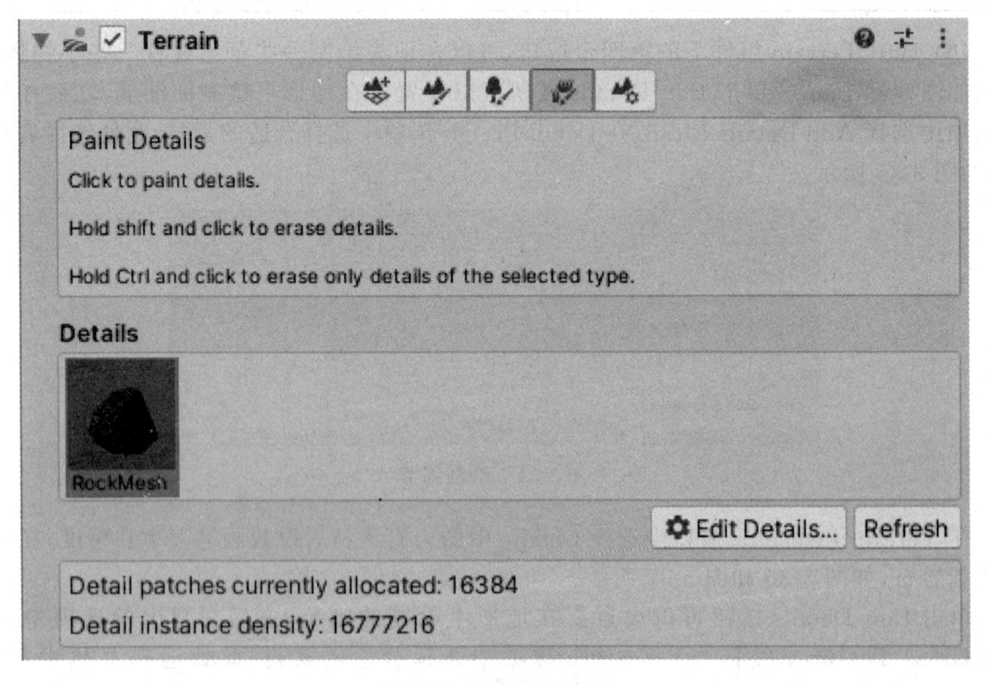

图 3-36 选择岩石素材

图 3-37 在地形上绘制岩石

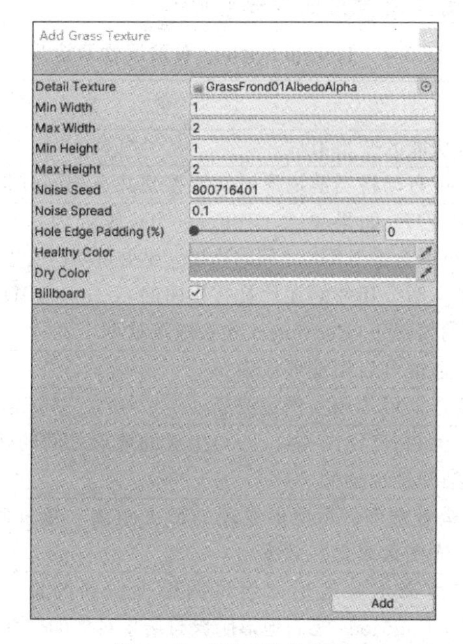

图 3-38 添加草丛素材

图 3-39 在地形上绘制草丛

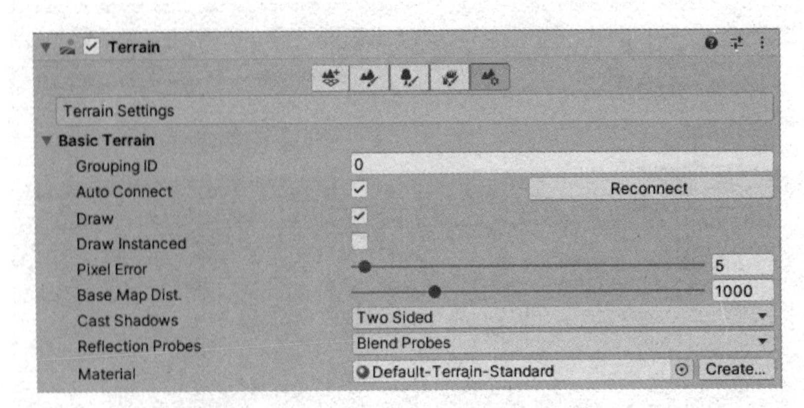

图 3-40 地形设置

Terrain Settings 参数属性及含义如表 3-4 所示。

表 3-4 Terrain Settings 参数属性及含义

属 性	含 义
Grouping ID	自动连接功能的分组 ID
Auto Connect	选中此框可自动将当前地形图块连接到共享相同分组 ID 的相邻瓦片
Reconnect	在极少情况下，如果更改 Grouping ID，或者为一个或多个地形瓦片禁用 Auto connect，可能会丢失瓦片之间的连接。要重新创建瓦片之间的连接，请单击 Reconnect 按钮。仅当两个相邻的瓦片具有相同的 Grouping ID 以及两个瓦片都启用了 Auto Connect 的情况下，Reconnect 才会连接这两个瓦片
Draw	选中此复选框可启用地形渲染
Draw Instanced	选中此复选框可禁用实例化渲染
Pixel Error	地形贴图(如高度贴图和纹理)与生成的地形之间的映射精度。值越高表示精度越低，但渲染开销也越低
Base Map Dist.	Unity 以全分辨率显示地形纹理的最大距离。超过此距离后，系统将使用较低分辨率的合成图像来提高效率
Cast Shadows	使用此属性来定义地形如何将阴影投射到场景中的其他对象上。Rendering. ShadowCastingMode 控制地形阴影与场景对象的交互方式。包含 4 个选项：Off，地形不会投射阴影；On，地形会投射阴影；Two Sided，从地形的任一侧投射双面阴影；Shadows Only，地形的阴影可见，但地形本身不可见
Reflection Probes	使用此设置 Unity 如何在地形上使用反射探针。此设置仅在“材质”设置为“内置标准”时有效，或者使用支持反射渲染的自定义材质(“材质”设定为“自定义”)时有效。包含 4 个选项：Off，禁用反射探针，并使用天空盒进行反射；Blend Probes，启用反射探针，混合仅在两个探针之间发生，如果附近没有反射探针，则使用默认反射，但默认反射和探针之间不会发生混合；Blend Probes And Skybox，启用反射探针，混合发生在探针之间或探针与默认反射之间；Simple，启用反射探针，但当存在两个重叠的探针体积时，探针之间不发生混合
Material	指定要用于渲染地形的材质
Create	仅当选择默认地形材质时，才会出现“Create”按钮。选择自定义材质时，该按钮不会出现。单击“Create”时，Unity 会在“Project”文件夹中创建材质的副本(可以对其进行修改)，然后自动选择该新副本

如图 3-41 所示，在 Tree & Detail Objects 面板进行树木与细节对象的基础设置。

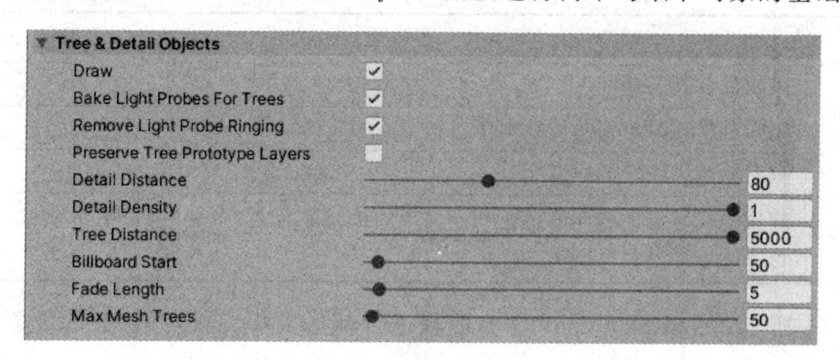

图 3-41　树木与细节对象的基础设置

Tree & Detail Objects 参数属性及含义如表 3-5 所示。

表 3-5　Tree & Detail Objects 参数属性及含义

属　性	含　义
Draw	选中此复选框可绘制树、草和细节
Bake Light Probes For Trees	选中此复选框，Unity 将在每棵树的位置创建内部光照探针，并将它们应用于树渲染器以便渲染光照。这些探针是内部探针，不会影响场景中的其他渲染器
Remove Light Probe Ringing	选中此复选框，Unity 将消除可见的过冲(通常在受强光照射影响的游戏对象上表现为振铃)。此设置可降低对比度，并依赖于"Bake Light Probes for Trees"设置
Preserve Tree Prototype Layers	如果希望树实例采用其原型预制件的层值而非地形游戏对象的层值，可选中此复选框
Detail Distance	超过此距离(相对于摄像机)将剔除细节
Detail Density	给定单位面积内的细节/草对象数量。将此值设置得较低可以减少渲染开销
Tree Distance	超过此距离(相对于摄像机)将剔除树
Billboard Start	位于此距离(相对于摄像机)的 3D 树对象将由公告牌图像取代
Fade Length	树在 3D 对象和公告牌之间过渡的距离
Max Mesh Trees	表示为实体 3D 网格的可见树的最大数量。超出此限制时，树将被公告牌取代

如图 3-42 所示，在 Wind Settings for Grass 面板进行风对草的影响的参数设置。

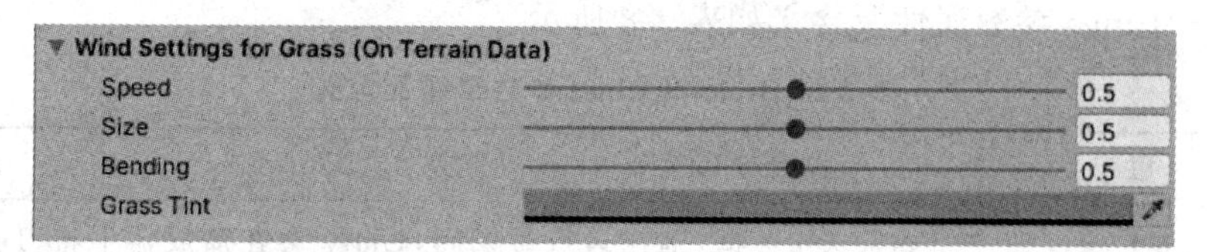

图 3-42　风对草的影响的参数设置

Wind Settings for Grass 参数属性及含义如表 3-6 所示。

表 3-6 Wind Settings for Grass 参数属性及含义

属 性	含 义
Speed	风吹过草时的速度
Size	风吹过草地时出现的波纹大小
Bending	草对象被风吹弯的程度
Grass Tint	应用于草对象的整体颜色色调。出现的最终颜色是“草色”乘以每个草对象的“健康颜色”和“干燥颜色”设置

如图 3-43 所示，在 Mesh Resolution 面板进行地形大小、高度等参数的设置。

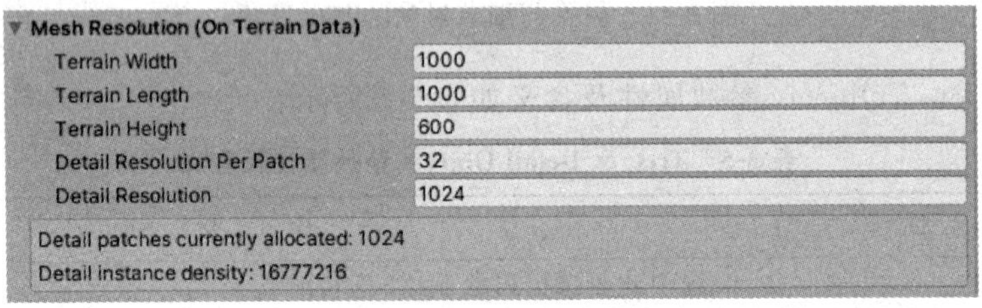

Mesh Resolution (On Terrain Data)
Terrain Width 1000
Terrain Length 1000
Terrain Height 600
Detail Resolution Per Patch 32
Detail Resolution 1024
Detail patches currently allocated: 1024
Detail instance density: 16777216

图 3-43 地形大小、高度参数设置

Mesh Resolution 参数属性及含义如表 3-7 所示。

表 3-7 Mesh Resolution 参数属性及含义

属 性	含 义
Terrain Width	地形游戏对象在 X 轴上的大小(以世界坐标系单位表示)
Terrain Length	地形游戏对象在 Z 轴上的大小(以世界单位表示)
Terrain Height	最低可能高度贴图值与最高值之间的 Y 坐标差异(以世界坐标系单位表示)
Detail Resolution Per Patch	单个面片(网格)中的单元格数量。该值经过平方后形成单元格网格，且必须是细节分辨率的除数
Detail Resolution	可用于将细节放置到地形区块上的单元数。此值在经过平方后生成单元格网格

如图 3-44 所示，在 Holes Settings 面板进行地形洞纹理设置。

图 3-44 地形洞纹理设置

Holes Settings 参数属性及含义如表 3-8 所示。

表 3-8 Holes Settings 参数属性及含义

属 性	含 义
Compress Holes Texture	如果选中此框，则在运行时期间，Unity 会在播放器中将 Terrain Holes Texture 压缩为 DXT1 图形格式。如果不选中此框，则 Unity 不会压缩纹理

如图 3-45 所示，在 Texture Resolutions 面板进行纹理分辨率设置。

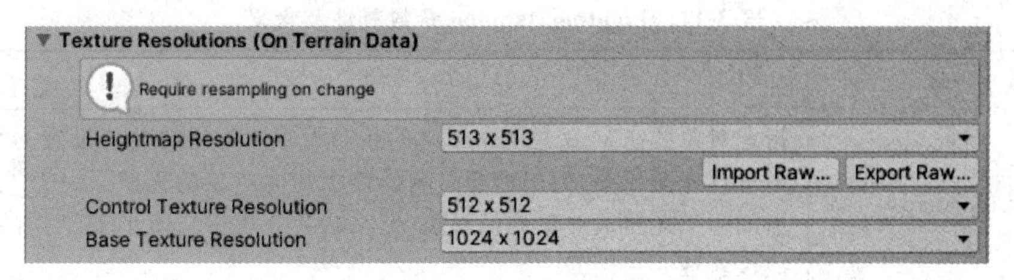

图 3-45　纹理分辨率设置

Texture Resolutions 参数属性及含义如表 3-9 所示。

表 3-9　Texture Resolutions 参数属性及含义

属　性	含　义
Heightmap Resolution	地形高度贴图的像素分辨率。此值必须是 2 的幂再加 1，例如 513，即 512+1
Control Texture Resolution	控制不同地形纹理之间混合的"泼溅贴图"(splatmap)的分辨率
Base Texture Resolution	在地形上使用的复合纹理从大于 Basemap Distance 的距离查看时的分辨率

如图 3-46 所示，在 Lighting 面板进行光照设置。

图 3-46　光照设置

Lighting 参数属性及含义如表 3-10 所示。

表 3-10　Lighting 参数属性及含义

属　性	含　义
Contribute Global Illumination	启用此复选框以向 Unity 指示地形影响全局照明计算。启用此属性时，将显示 Lightmapping 特性
Receive Global Illumination	只有在启用了上面的"贡献全局照明"后，才能配置此选项。如果未启用"贡献全局照明"，则地形将注册为非静态，并从灯光探测器接收全局照明

如图 3-47 所示，在 Lightmapping 面板进行光照贴图设置。

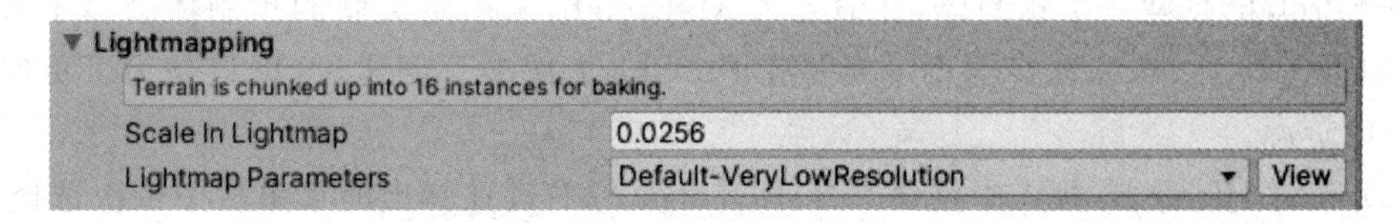

图 3-47　光照贴图设置

Lightmapping 参数属性及含义如表 3-11 所示。

表 3-11 LightingMapping 参数属性及含义

属　性	含　义
Scale In Lightmap	指定对象的 UV 在光照贴图中的相对大小。如果将此值设置为零,则对象不进行光照贴图,但仍然会影响场景中其他对象的光照。大于 1.0 的值会增加用于此游戏对象的像素数(光照贴图分辨率),而小于 1.0 的值会减小该像素数
Lightmap Parameters	调整高级参数,这些参数会影响使用全局光照为对象生成光照贴图的过程

⑧ 地形对象上还有一个 Terrain Collider 组件用于进行碰撞检测,如图 3-48 所示。

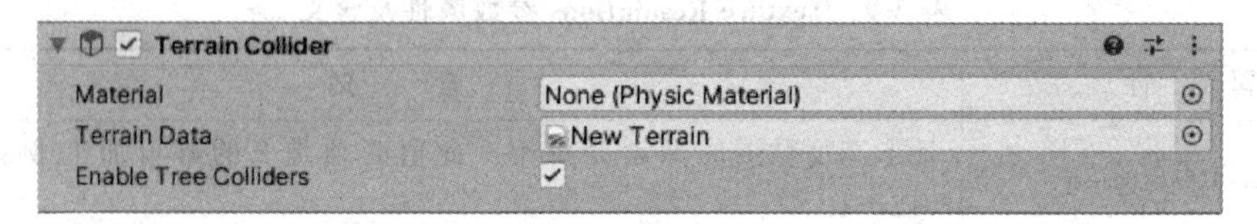

图 3-48 地形碰撞

Terrain Collider 参数属性及含义如表 3-12 所示。

表 3-12 Terrain Collider 参数属性及含义

属　性	含　义
Material	对物理材质的引用,可确定该地形的碰撞体与场景中其他碰撞体之间的交互方式
Terrain Data	存储高度贴图、地形纹理、细节网格和树的 TerrainData 资源
Enable Tree Colliders	选中此复选框可启用树碰撞体

7. 预制体

在一个项目开发过程中经常会应用到预制体 Prefab 资源。有时在场景的开发过程中会同时创建多个完全相同的游戏对象,如果一一创建会耗费大量的游戏资源。此时就需要预制体来辅助进行开发。

一般情况下可以通过将创建好的预制体拖拽到场景中来实例化预制体,如实例化敌人。也可以通过脚本对预制体进行实例化,如本任务中应用到的弓箭,其他游戏中的子弹、小兵等重复利用的资源。

1) Prefab 资源的创建

(1) 在 Project 视图中的 Assets 下创建 Prefabs 文件夹目录中单击鼠标右键依次选择 Create→Prefab,创建一个预制体,并命名为 MyPrefab,未指定关联的预制体会显示成蓝色方块,如图 3-49 所示。(此步骤不一定要在 Prefabs 文件夹下创建,这里只是为了更好地管理我们的资源。)

(2) 在将 Hierarchy 视图中创建立方体,单击鼠标右键在弹出的菜单栏中依次选择 3D→Cube 创建 Cube 对象,将 Cube 拖拽到 Project 视图中的 MyPrefab 上,弹出提示框,选择 Replace Anyway 选项使 MyPrefab 与 Cube 关联并完成预制体的制作,如图 3-50 所示,此时关联后的预制体会显示关联对象的样式。

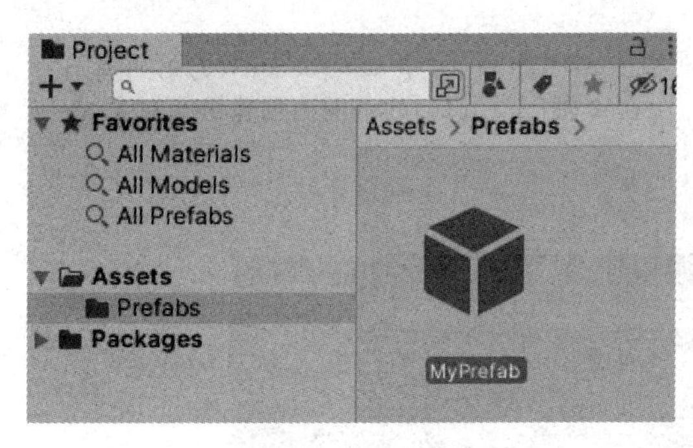

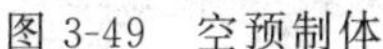
图 3-49　空预制体

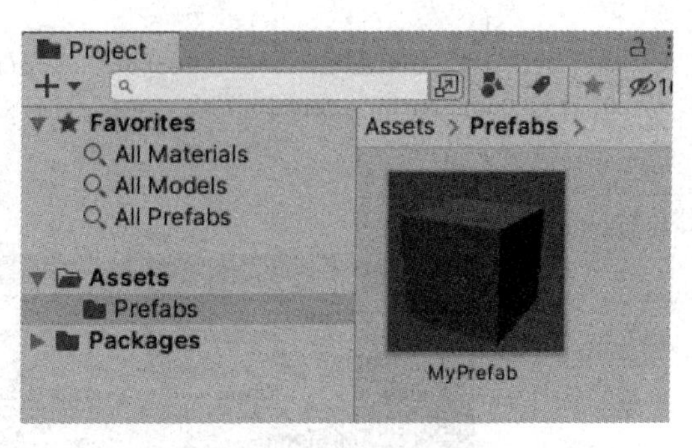

图 3-50　游戏对象关联预制体之后的样式

(3) 将 MyPrefab 拖拽到 Hierarchy 视图中，选中 MyPrefab，在 Inspector 视图中单击 Select 按钮，这时会高亮显示对应的预制体，如图 3-51 所示。

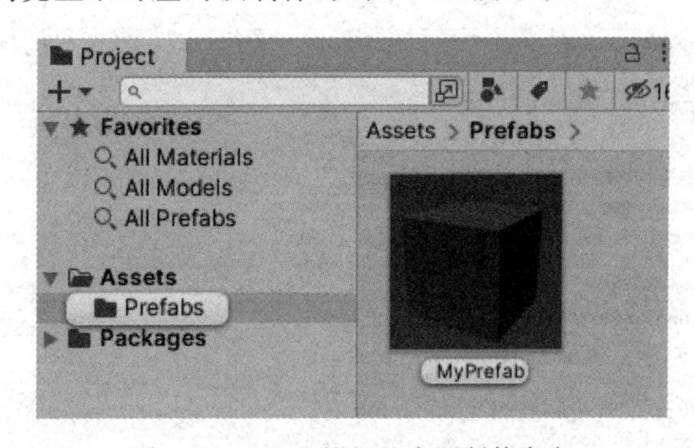

图 3-51　Select 按钮选中预制体高亮

注意：此处仅以 Unity 基本素材举例，一个预制体上可以挂多个组件，如刚体组件、脚本等。

2) Prefab 资源的创建

在实际项目开发过程中，若需要大量创建重复资源，就需要使用到 Prefab。本节学习通过脚本编写程序实例化这些游戏对象。

(1) 利用上一节中的预制体，编写脚本 CubeRotate. cs。将编写好的脚本添加给 Assets/Prefab 文件夹中的 MyPrefab，如图 3-52 所示。

相关代码：

```
void Update () {
    transform.Rotate(Vector3.up, 2.0f);        //使物体自身发生旋转
}
```

(2) 编写脚本 CreateCube. cs，实例化预制体，将脚本挂在场景 Main Camera 上。将公共字段 go 赋值给 Assets/Prefab 中的 MyPrefab。

相关代码：

```
public GameObject go;                           //声明需要实例化的游戏对象
void Start ()
{
        for (int i = 0; i < 11; i++)
```

```
        {
            Instantiate(go, Vector3.Lerp(new Vector3(0,0, - 10), new Vector3(0,0,10), i *
0.1f), Quaternion.identity);                    //在 Z 轴[ - 10,10]的范围内创建游戏对象 go
        }
}
```

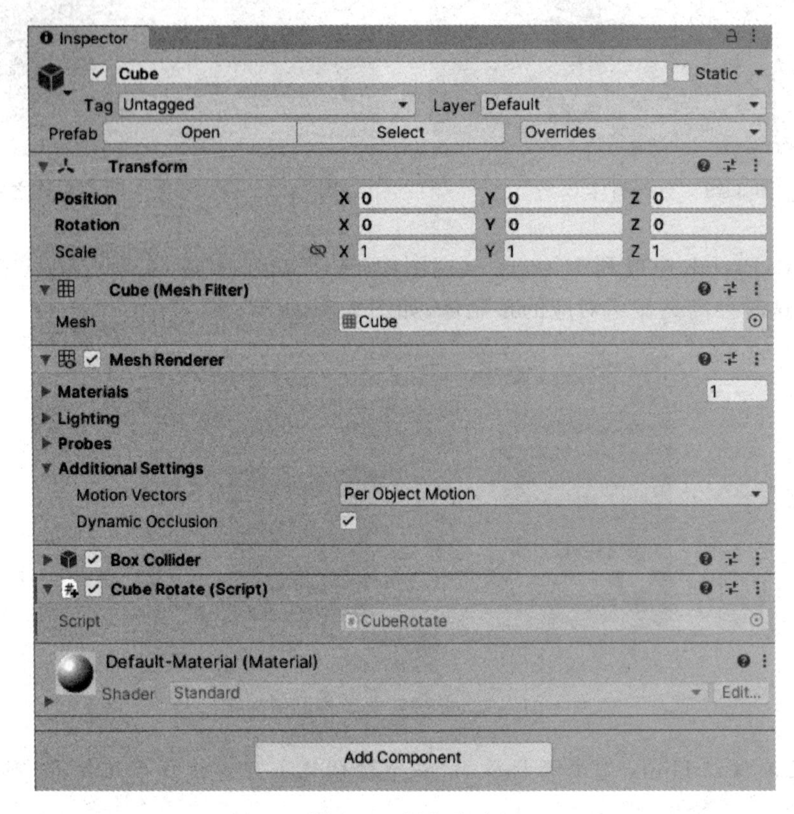

图 3-52 添加脚本

(3) 运行游戏,可以看到每个实例化的游戏对象都在自转,运行效果如图 3-53 所示。

图 3-53 运行效果

8. 认识刚体组件

Unity 3D 中的 Rigidbody(刚体)可以为游戏对象赋予物理属性,使游戏对象在物理系统的控制下接受推力与扭力,从而实现现实世界中的运动效果。任何游戏对象想要受重力影响,或者受脚本施加的力的作用、通过 NVIDIA PhysX 物理引擎来和其他物体交互时,都必须包含 Rigidbody(刚体)组件,如图 3-54 所示。

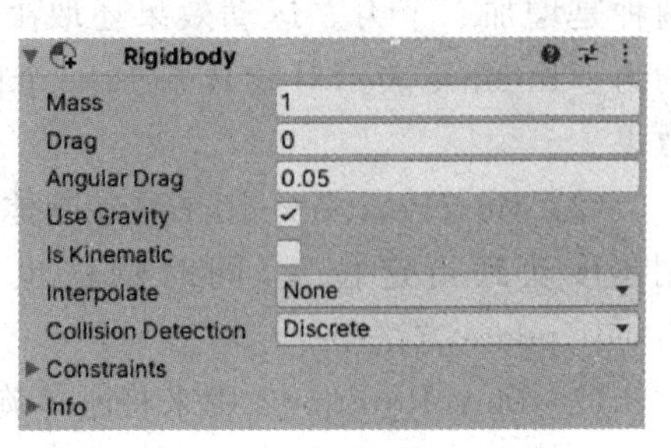

图 3-54　刚体组件

1) 创建刚体组件

选中需要添加刚体组件的游戏对象后,选择菜单栏 Component→Physics→Rigidbody 为选中的游戏对象增加刚体组件。

2) 刚体组件的属性

Rigidbody 组件属性及含义如表 3-13 所示。

表 3-13　Rigidbody 组件属性及含义

参数名	含　义
Mass	质量。物体的质量(任意单位)。建议一个物体的质量不要与其他物体相差 100 倍以上
Drag	阻力。当受力移动时物体受到的空气阻力。0 表示没有空气阻力,无穷大使对象立即停止移动
Angular Drag	角阻力。当受扭力旋转时物体受到的空气阻力。0 表示没有空气阻力,如果直接将对象的 Angular Drag 属性设置为无穷大,则无法使对象停止旋转
Use Gravity	使用重力。该物体是否受重力影响,若激活,则物体受重力影响
Is Kinematic	是否运动学。游戏对象是否遵循运动学物理定律,若激活,该物体不再受物理引擎驱动,而只能通过 Transform 变换来操作。适用于模拟运动的平台或者模拟由铰链关节连接的刚体
Interpolate	插值。根据前一帧的变换来平滑变换。物体运动插值模式。当发现刚体运动时抖动,可以尝试下面的 选项: None(无),不应用插值; Interpolate(内插值),基于上一帧变换来平滑本帧变换; Extrapolate(外插值),基于下一帧变换平滑本帧变换
Collision Detection	碰撞检测。用于避免高速物体穿过其他物体却未触发碰撞。碰撞模式包括 Discrete(不连续)、Continuous (连续)、Continuous Dynamic (动态连续)3 种。其中,Discrete 模式用来检测与场景中其他碰撞器或其他物体的碰撞; Continuous 模式用来检测与动态碰撞器(刚体)的碰撞; Continuous Dynamic 模式用来检测与连续模式和连续动态模式的物体的碰撞,适用于高速物体
Constraints	约束。对刚体运动的约束。其中,Freeze Position(冻结位置),所选择的轴在世界中的移动将无效,Freeze Rotation(冻结旋转)表示刚体在世界坐标系中沿所选的 X、Y、Z 轴的旋转将无效

3) 刚体的应用

(1) AddForce: 使用 AddForce 方法用来对刚体施加一个指定方向的力,作用于含有刚体组件的游戏对象。使其移动。其中力有四种形式: Force、Acceleration、Impulse、

VelocityChange。Acceleration与VelocityChange分别表示对物体施加加速度和改变物体速度，会忽略物体的质量。在不同质量的刚体上使用它们，产生的效果是相同的。其他两种是增加一个力。运动效果还取决于这个物体的质量。Force是对物体施加一个持续的力。Impulse表示对物体施加一个瞬间冲击力，通常用来模拟物体爆炸、碰撞振飞等效果。

(2) MovePosition：用来移动刚体到所设置的位置。在移动时，系统根据指定的参数将刚体移动到指定位置，同时物体也会跟着刚体的移动而移动。该方法通常使用在FixedUpdate方法中。

(3) MoveRotation：用来将刚体旋转所需要的角度。在旋转时，系统根据指定的参数将刚体旋转到指定角度，同时物体也会跟着刚体的旋转而旋转。该方法通常使用在FixedUpdate方法中。

(4) 控制刚体对象运动练习：在需要进行移动的游戏对象身上添加Rigidbody组件。取消"Use Gravity"的复选框。为该游戏对象挂载如下脚本：

```
private float playerSpeed = 3.0f;                 //设置游戏对象移动速度
private Rigidbody playerRigidbody;                 //声明刚体组件
void Start()
{
    playerRigidbody = GetComponent<Rigidbody>();       //获取游戏对象上的刚体组件
}
void Update () {
    float h = Input.GetAxisRaw("Horizontal"); //获取方向键左右键按下时的值
    float v = Input.GetAxisRaw("Vertical");   //获取方向键上下键按下时的值
    PlayerMove(h,v);                           //将用户输入的按键结果传入 PlayerMove 方法令
                                                 物体移动
}
void PlayerMove(float h,float v)
{
    Vector3 vector = new Vector3(h,0,v);       //声明物体需要移动位移的增量
    vector = transform.position + vector.normalized * playerSpeed * Time.deltaTime;
    //通过物体当前位置+用户按下方向键,产生的 h、v 数据计算得到物体需要移动到的位置
    playerRigidbody.MovePosition(vector);      //控制物体移动到计算后的位置
}
```

9. 认识碰撞器与触发器

在游戏制作过程中，游戏对象要根据游戏的需要进行物理属性的交互。因此，Unity 3D的物理组件为游戏开发者提供了碰撞器组件。碰撞体是物理组件的一类，它与刚体一起促使碰撞发生。

1) 碰撞器

碰撞器是一群组件，它包含很多种类：Box Collider(盒子碰撞体)，Sphere Collider(球体碰撞器)，Mesh Collider(网格碰撞体)，Capsule Collider(胶囊体碰撞器)，Wheel Collider(车轮碰撞器)，Terrain Collider(地形碰撞器)。这些碰撞器应用的场合不同，但都必须加到GameObject上。发生碰撞的两个物体都必须带有碰撞器(Collider)，是哪种碰撞器不限，其中一个物体还必须带有Rigidbody刚体。

（1）Box Collider（盒子碰撞器），如图 3-55 所示，其参数名及含义如表 3-14 所示。

表 3-14　Box Collider 参数名及含义

参数名	含　义
Is Trigger	触发器。勾选该项，则该碰撞体可用于触发事件，并将被物理引擎所忽略
Material	材质。为碰撞体设置不同类型的材质，如冰、金属、塑料等
Center	中心。碰撞体在对象局部坐标中的位置
Size	尺寸。碰撞体在 X、Y、Z 方向上的大小

（2）Capsule Collider（胶囊体碰撞器），如图 3-56 所示，其参数名及含义如表 3-15 所示。

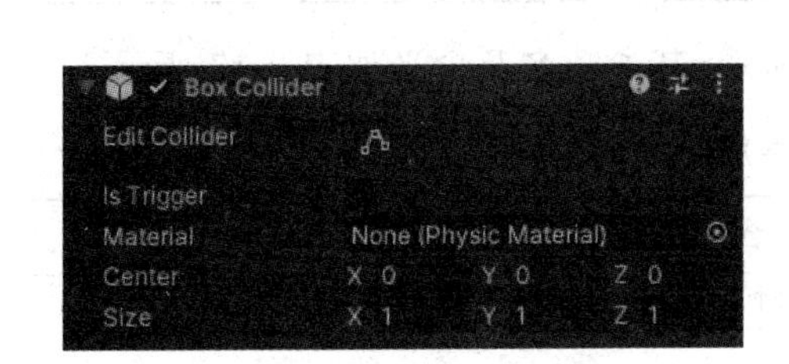

图 3-55　盒子碰撞器

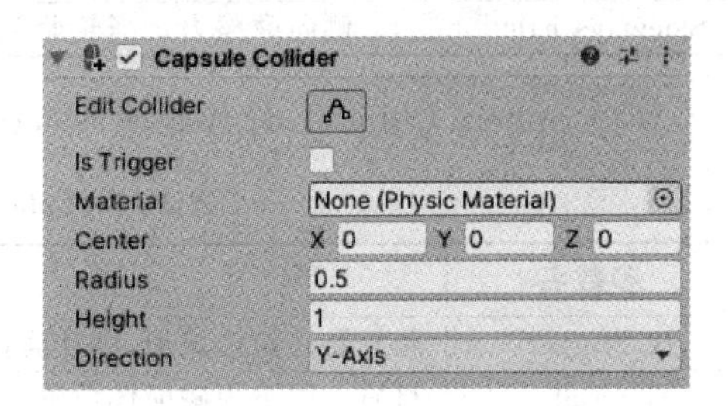

图 3-56　胶囊体碰撞器

表 3-15　Capsule Collider 参数名及含义

参数名	含　义
Is Trigger	触发器。勾选该项，则该碰撞体可用于触发事件，并将被物理引擎所忽略
Material	材质。用于为碰撞体设置不同的材质
Center	中心。设置碰撞体在对象局部坐标系中的位置
Radius	半径。设置碰撞体的大小
Height	高度。控制碰撞体中圆柱的高度
Direction	方向。设置在对象的局部坐标系中胶囊体的纵向所对应的坐标轴，默认是 Y 轴

（3）Wheel Collider（车轮碰撞器），如图 3-57 所示，其参数名及含义如表 3-16 所示。

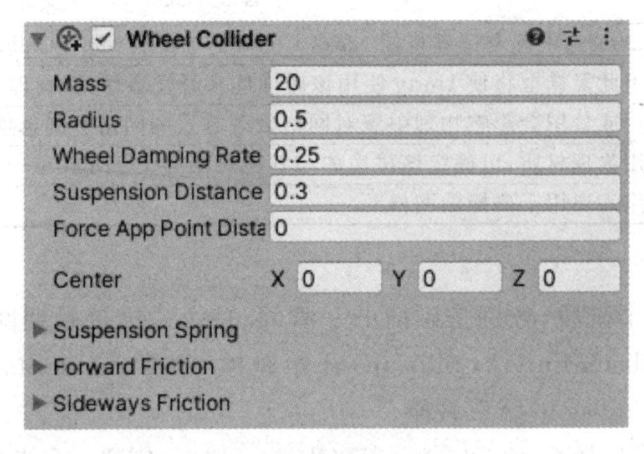

图 3-57　车轮碰撞器

表 3-16 Wheel Collider 参数名及含义

参数名	含义
Mass	质量。用于设置 Wheel Collider 的质量
Radius	半径。用于设置碰撞体的半径大小
Wheel Damping Rate	车轮减振率。用于设置碰撞体的减振率
Suspension Distance	悬挂距离。该项用于设置碰撞体悬挂的最大伸长距离，按照局部坐标来计算，悬挂总是通过其局部坐标的 Y 轴延伸向下
Center	中心。用于设置碰撞体在对象局部坐标系的中心
SuspensionSpring	悬挂弹簧。用于设置碰撞体通过添加弹簧和阻尼外力使得悬挂达到目标位置
Forward Friction	向前摩擦力。当轮胎向前滚动时的摩擦力属性
Sideways Friction	侧向摩擦力。当轮胎侧向滚动时的摩擦力属性

(4) Sphere Collider(球体碰撞器)，如图 3-58 所示，其参数名及含义如表 3-17 所示。

表 3-17 Sphere Collider 参数名及含义

参数名	含义
Is Trigger	触发器。勾选该项，则该碰撞体可用于触发事件，并将被物理引擎所忽略
Material	材质。用于为碰撞体设置不同的材质
Center	中心。设置碰撞体在对象局部坐标系中的位置
Radius	半径。设置球形碰撞体的大小

(5) Mesh Collider(网格碰撞器)，如图 3-59 所示，其参数名及含义如表 3-18 所示。

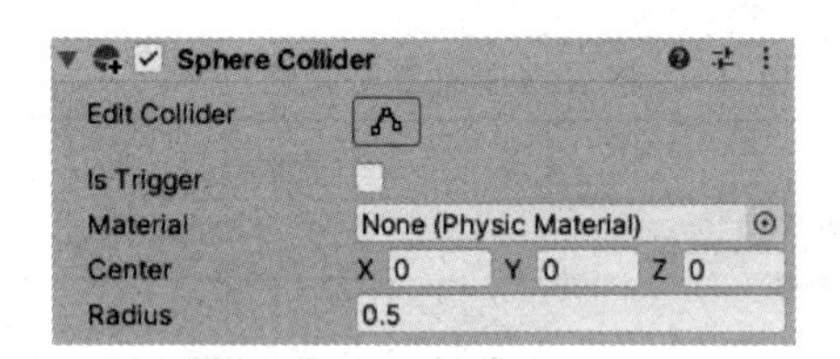

图 3-58 球体碰撞器

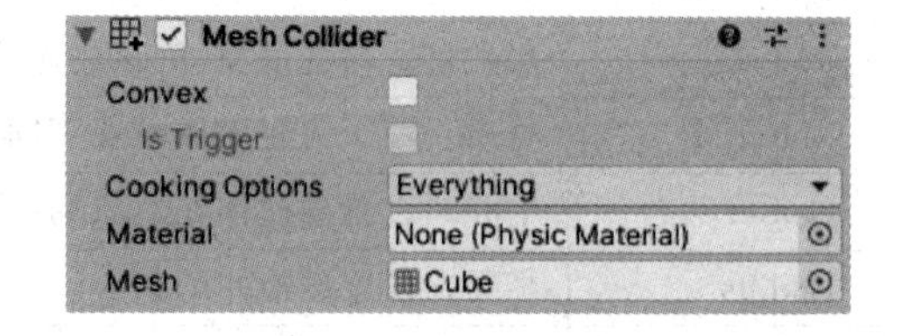

图 3-59 网格碰撞器

表 3-18 Mesh Collider 参数名及含义

参数名	含义
Convex	Convex 选中此复选框将使 Mesh Collider 与其他 Mesh Collider 发生碰撞
Is Trigger	选中此复选框将使 Unity 使用该碰撞体来触发事件，而物理引擎会忽略该碰撞体
Cooking Options	启用或禁用会影响物理引擎对网格处理方式的网格烹制选项
Material	引用物理材质，可确定该碰撞体与其他对象的交互方式
Mesh	引用需要用于碰撞的网格

2) 碰撞检测

碰撞检测包含三个阶段，分别是碰撞的一瞬间、持续碰撞接触期间、结束碰撞，对应三个函数分别是 OnCollisionEnter(Collision)开始碰撞、OnCollisionStay(Collision)持续碰撞、OnCollisionExit(Collision)结束碰撞。

例：在菜单栏依次选择 GameObject→3D Object→Plane 创建一个平面，设置其 Transform 组件中的 Rotation 值为(0,0,−40)，再从菜单栏依次选择 GameObject→3D Object→

Sphere，创建一个球体对象 Transform 组件中的 Position 值为(－2,6,0)，之后选择该对象，为其添加 Rigidbody 刚体组件，刚体组件参数采用默认(球体对象上的刚体组件的参数勾选 Use Gravity)。创建脚本。将脚本挂载在 Plane 对象上，运行效果如图 3-60 所示。

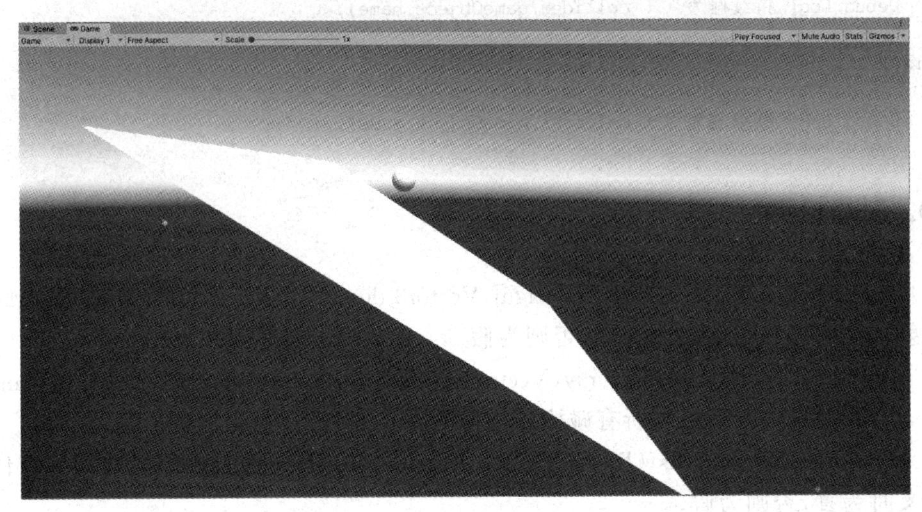

图 3-60 运行效果

相关代码：

```
void OnCollisionEnter(Collision collision)
{
    Debug.Log("开始碰撞" + collision.collider.gameObject.name);
}
void OnCollisionStay(Collision collision)
{
    Debug.Log("持续碰撞中" + collision.collider.gameObject.name);
}
void OnCollisionExit(Collision collision)
{
    Debug.Log("结束碰撞" + collision.collider.gameObject.name);
}
```

3）触发器

触发器，在检视面板中的碰撞器组件中勾选 IsTrigger 属性选择框即可。不需要与目标物体发生直接的碰撞，只要进入目标物体的“触发范围”就能执行某些特定操作触发事件。发生触发事件的情况是两个物体都必须带有碰撞器(Collider)，是哪种碰撞器不限，其中一个物体还必须带有 Rigidbody(刚体)，勾选 IsTrigger。

4）触发检测

触发检测包含三个阶段，分别是触发的一瞬间、持续触发接触期间、触发碰撞，对应三个函数分别是 OnTriggerEnter(Collider) 开始触发、OnTriggerStay(Collider) 持续触发、OnTriggerExit(Collider) 触发结束。

例：同样使用碰撞器的场景，在任意物体上挂载如下脚本，并勾选其中一个物体的“IsTrigger”参数。

```
void OnTriggerEnter(Collider collider)
{
```

```
        Debug.Log("开始触发" + collider.gameObject.name);
    }
      void OnTriggerStay(Collider collider)
    {
        Debug.Log("持续触发" + collider.gameObject.name);
    }
    void OnTriggerExit(Collider collider)
    {
        Debug.Log("结束触发" + collider.gameObject.name);
    }
```

10. 射线检测

1) 射线的几种检测方式

(1) bool Physics. Raycast(Vector3 origin,Vector3 direction,float distance,int layerMask)当光线投射与任何碰撞器交叉时为真,否则为假。

(2) bool Physics. Raycast(Ray ray,Vector3 direction,RaycastHit out hit,float distance,int layerMask)在场景中投下可与所有碰撞器碰撞的一条光线,并返回碰撞的细节信息。

(3) bool Physics. Raycast(Ray ray,float distance,int layerMask)当光线投射与任何碰撞器交叉时为真,否则为假。

(4) bool Physics. Raycast(Vector3 origin,Vector3 direction,RaycastHit out hit,float distance,int layerMask)当光线投射与任何碰撞器交叉时为真,否则为假。

2) 检测参数

射线检测参数及含义如表 3-19 所示。

表 3-19 射线检测参数及含义

参数名	含 义
origin	在世界坐标中射线的起始点
direction	射线的方向
hit	使用 C# 中 out 关键字传入一个空的碰撞信息类
layerMask	只选定 Layermask 层内的碰撞器,其他层内碰撞器忽略

3) 碰撞检测信息

碰撞检测信息参数及含义如表 3-20 所示。

表 3-20 碰撞检测信息参数及含义

参数名	含 义
collider	射线检测到的 collider collider. gameObject 获取到对应 GameObject
distance	射线发射源与检测到的位置的距离
normal	射线碰撞位置的法线
point	射线碰撞位置的世界坐标
transform	射线碰撞物体的 transform 组件

4) 射线的应用

例:在场景创建 Cube 与 Sphere 两个游戏对象。将 Cube 游戏对象的 Layer 设置为 Cube,如图 3-61 所示。Sphere 的 Layer 不做修改,之后在场景任意游戏对象上挂载如下脚本代码。

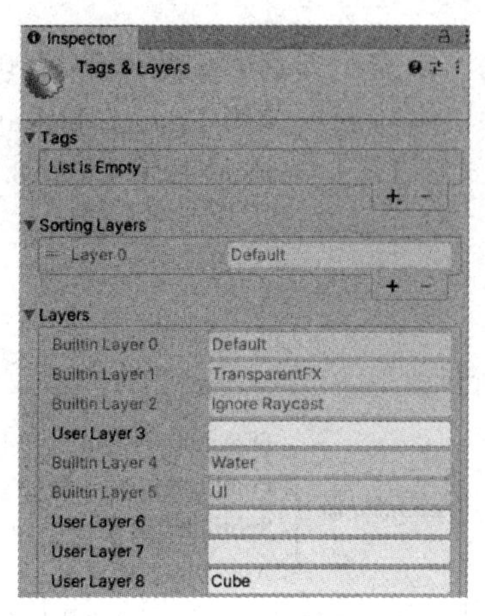

图 3-61 Layer 设置

```
private LayerMask mask;                          //定义射线检测忽略的层
private Camera mainCrma;                         //定义摄像机
private RaycastHit objhit;                       //定义用于进行射线检测的信息
private Ray _ray;                                //定义射线
void Start()
{
    mainCrma = Camera.main;                      //设置相机为 MainCamera
    mask = 1 << LayerMask.NameToLayer("Cube");       //实例化 mask 到 cube 这个自定义的层级之上
}
void Update()
{
    if (Input.GetMouseButtonDown(0))             //当用户按下鼠标左键时
    {
        _ray = mainCrma.ScreenPointToRay(Input.mousePosition);
                                                 //从摄像机发出一条射线,到单击的坐标
        Debug.DrawLine(_ray.origin,objhit.point,Color.red, 2);
                                                 //划出射线,只有在 scene 视图中才能看到
        if (Physics.Raycast(_ray,out objhit,100,mask.value))
                                        //射线长度为 100,检测层级为 mask.value 的游戏对象
        {
            GameObject gameObj = objhit.collider.gameObject;
                                                 //射线碰到的物体
             Debug.Log("射线碰撞到的物体是:" + gameObj.name + " -- Hit objlayerName:"
LayerMask.LayerToName(objhit.collider.gameObject.layer));  //在控制台打印射线检测到的物
                                                              体名称与物体层级
        }
    }
}
```

案例结果：仅在控制台上打印层级为 Cube 的对象信息。

注意：Unity 中是用 int32 来表示 32 个 Layer 层。int32 表示二进制一共有 32 位(0～31)。在 Unity 中每个游戏对象(GameObject)都有对应的 Layer 属性，默认的 Layer 都是 Default。在 Unity 中可编辑的 Layer 共有 27 个(3 层、6～31 层)，官方已使用的是 0～2 层、4～5 层，默认不可编辑。LayerMask 实际上是一个位码操作。

通过 LayerMask. NameToLayer("Cube")可以进行索引的获取，其中 Cube 是层级名称。对于本例题 Cube 的索引为 8。故 LayerMask. NameToLayer("Cube")等价于 LayerMask mask = 1≪8。"≪"是左移运算符。"≪"左侧的值为 1 代表开启，0 为关闭。

如 LayerMask mask=1 ≪ 2；表示开启索引为 2 的层，0≪3 表示关闭索引为 3 的层。

LayerMask mask = 0≪2|0≪7；表示关闭 Layer2 和 Layer7。

LayerMask mask = ～(1≪3|1≪10)；表示关闭 Layer3 和 Layer10。

本章知识结构

本章知识结构如图 3-62 所示。

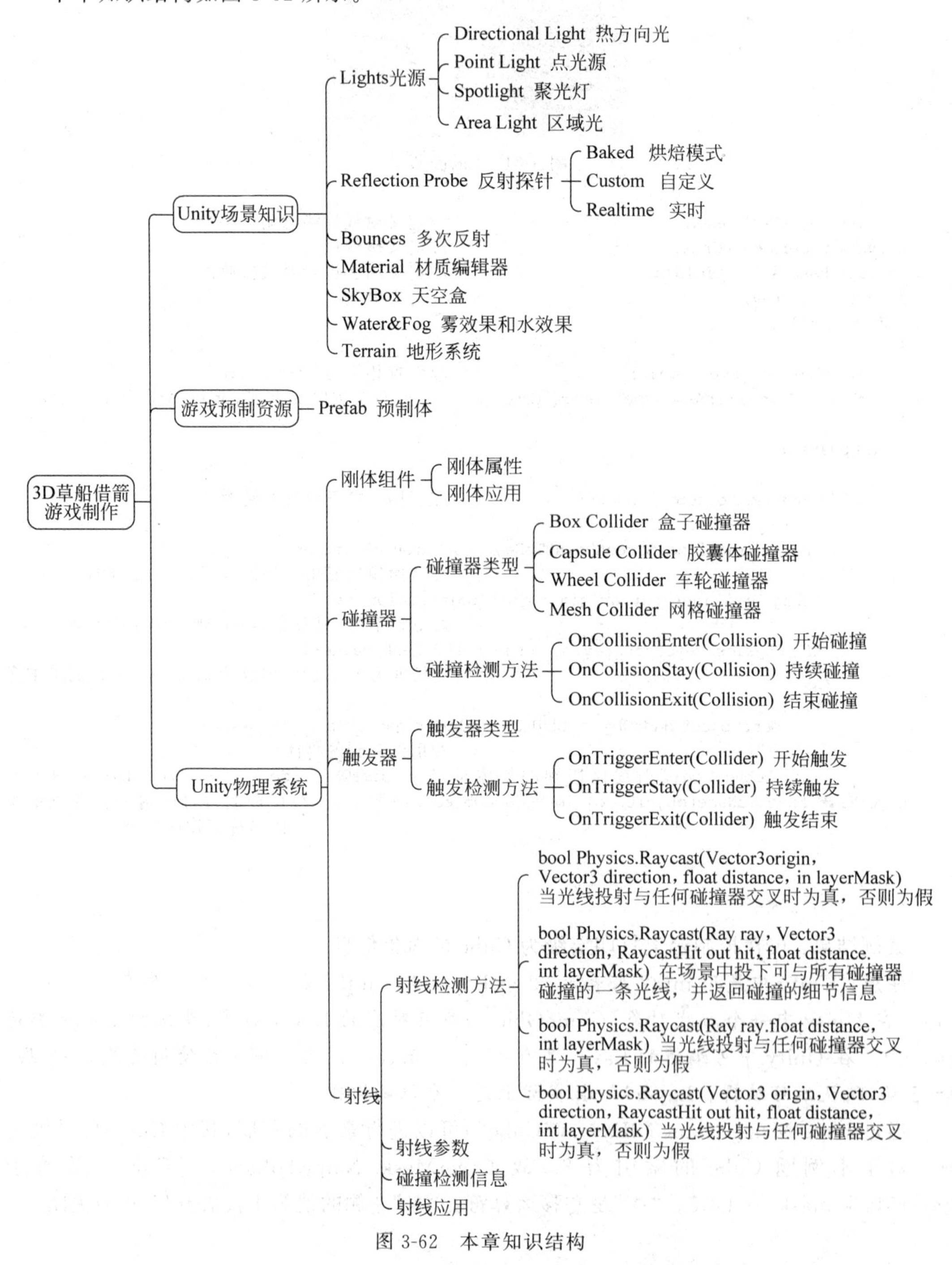

图 3-62 本章知识结构

完成本学习任务后，学生应当能够：

(1) 掌握 Unity 引擎的物理系统常用组件的使用；

(2) 掌握 Unity 场景中常用组件的使用；

(3) 能通过程序实现本游戏的核心逻辑；

(4) 掌握 Unity 引擎物理系统中常用的 API；

(5) 能够初步掌握动画系统中的常用技术；

(6) 能够熟练使用 Unity 地形系统基础工具完成地形制作；

(7) 掌握地形系统中关于高度图的使用；

(8) 能够熟练掌握发布方法，对照策划与用户的需求进行功能性测试；

(9) 以《3D 草船借箭》为任务，完成 3D 游戏制作的工作任务；

(10) 选择不同阵营完成以不同身份完成游戏。

建议学时

12 学时。

工作情景描述

某游戏公司正在开发一款 PC 端 3D 射击类游戏，需要根据美工所给的模型素材、UI 素材与用户需求在 3 天内制作一款×××风格的 3D 射击类游戏并完成交付工作，请同学们分小组接受该任务，对任务进行深入分析解读，明确任务制作过程及最终要完成的内容、效果和质量要求，明确任务的主题与方向，制订工作计划，制定完成射击类游戏制作工作任务所需的时间和工作步骤流程。整理相关素材资料，熟悉游戏玩法，合理编写代码，美观布局游戏界面，有序进行设计实施工作，完成任务规定的项目产品——3D 草船借箭游戏。完成后达到项目验收标准。

工作流程与活动

(1) 明确任务；

(2) 任务准备；

(3) 计划与决策；

(4) 任务实施；

(5) 总结；

(6) 评价。

教学活动 1：明确任务

学习目标

(1) 了解项目背景，明确任务要求。

(2) 准确记录客户要求。

学习过程

(1) 需求分析。草船借箭是我国古典名著《三国演义》中赤壁之战的一个故事。借箭是由周瑜故意提出(限十天内造十万支箭)，机智的诸葛亮一眼识破其是一条害人之计，却淡定表示“只需要三天”。后来，有鲁肃帮忙，诸葛亮再利用曹操多疑的性格，调了二十条草船诱敌，终于“借”到了十万余支箭。本项目要设计风格独特的 3D 草船借箭游戏，在游戏中可以选择曹操阵营进行弓箭射击，也可以选择刘备阵营控制草船移动接收弓箭。在 3 天内完成用户的需求。

结合工作情景和客户提供的效果图，填写客户需求明细表 3-21。

表 3-21　客户需求明细表（注意功能需求）

一、项目基本信息	
客户单位	
项目名称	
项目周期	
二、项目需求描述	
项目概述	
资源情况	
特殊要求	

(2) 结合客户提供的效果图，设计草船借箭场景，在下方方框中写出项目的制作思路，确认整个项目所需要用到的引擎功能。

(3) 根据游戏情况对游戏内容关键内容截取效果图。

(4) 通过整理用户需求及技术要求，在下方写出游戏玩法的流程图。

(5) 反馈给客户确认。根据任务要求，在完成任务后，确认需要给客户的成果都包含哪些。

教学活动2：任务实施

一、任务准备

学习目标

（1）初步掌握Unity引擎中的动画系统的应用；

（2）掌握Unity引擎中的物理系统中的常用组件；

（3）掌握Unity引擎中地形系统的应用。

学习过程

角色寻路开发步骤如下。

（1）新建场景，分别创建Textures Scenes和Scripts文件夹，分别用来放置图片资源、场景和脚本文件。

（2）在Hierarchy视图中单击Create→3D Object→Plane创建一个Plane对象，作为本案例要创建的地板；单击Create→3D Object→Capsule创建一个Capsule对象，作为本案例的人物角色。

（3）给Capsule添加一个角色控制器组件，当玩家单击地面的任何一个位置时，其角色会把在地面单击的点作为要移动的目标点走过去。

相关代码：

```
using System.Collections;
using System.Collections.Generic;
using UnityEngine;
public class CharacterScripts : MonoBehaviour {
    CharacterController player;
    Ray ray;
    Vector3 moveTarget = Vector3.zero;
    bool isMove = false;
    // Use this for initialization
    void Start () {
        //获取角色控制器
        player = GetComponent<CharacterController> ();
    }
     void Update () {
        if (Input.GetMouseButtonDown (0)) {
          isMove = true;
          //从主相机鼠标位置发射出一条射线
          ray = Camera.main.ScreenPointToRay(Input.mousePosition);
          RaycastHit hit;
          //如果碰到物体
          if (Physics.Raycast (ray, out hit, 100f))
          {
              //判断碰到的物体是什么
              if (hit.collider != null)
              {
                  //如果碰到的是Terrain(场景中物体的名字必须是Plane)
                  if (hit.collider.name.Equals ("Plane"))
                  {
                      //point表示射线打出去碰到的那个物体的点,作为我们的移动目标
```

```
                        moveTarget = hit.point;
                                //取自己的 Y 轴//用 look at 时一般不考虑 Y 轴
                        moveTarget.Set(moveTarget.x,transform.position.y,moveTarget.z);
                    }
                }
            }
        }
        Move ();
    }
    void Move(){
        if (isMove)
        {
            if (Vector3.Distance (transform.position,moveTarget) > 0.5f)//根据距离判断
            {
                //主角在移动时,地形起伏,所以主角看的点也是不断更新的
                moveTarget.Set(moveTarget.x,transform.position.y,moveTarget.z);
                transform.LookAt (moveTarget);              //看向移动的目标点
                player.SimpleMove (transform.forward);      //移动
            }
        }
    }
}
```

二、计划与决策

学习目标

（1）能够根据客户要求，制订合理可行的工作计划。

（2）在小组人员分工过程中，能够考虑到个人性格特点与个人技能水平。

（3）能够独立完成 3D 草船借箭的制作。

（4）能够按照有关规范、标准进行代码的编写。

学习过程

（1）填写任务实施计划表 3-22。

表 3-22 任务实施计划表

日期	完成任务项目内容	计划使用课时数	实际使用课时数	备注
合　计				

（2）结合你的小组成员，填写项目小组人员职责分配表 3-23。

表 3-23　项目小组人员职责分配表

项目名称：　　　　　　　　　　　　　　　项目编号：

序号	成员姓名	项目职责说明	备注

（3）根据所制订的计划，填写材料清单（表 3-24）。

表 3-24　材料清单

项目	序号	仪器设备名称	规格型号	单位	数量	备注
硬件设备	1					
	2					
	3					
	4					
	5					
软件环境	1					
	2					
	3					
	4					
	5					
素材资源	1					
	2					
	3					
	4					
	5					

三、项目制作

学习目标

（1）能够根据工作计划，正确进行 3D 草船借箭制作。

（2）能够通过组间讨论、复查资料等手段解决项目开发过程中出现的问题。

（3）能够在软件出现报错时分析问题原因，解决问题。

（4）项目实施后能按照管理规定清理现场。

学习过程

3D 草船借箭项目素材包

1）创建项目

（1）根据游戏名称创建项目，以英文 3D Arrow 命名，如图 3-63 所示。

（2）在 Assets 文件夹下单击鼠标右键依次选择 Create→Folder，如图 3-64 所示，创建 Scripts Scenes Fonts Prefabs Audios UIRes 文件夹用于分类存放脚本、场景、字体、预制体、音频、图片等文件。如图 3-65 所示。

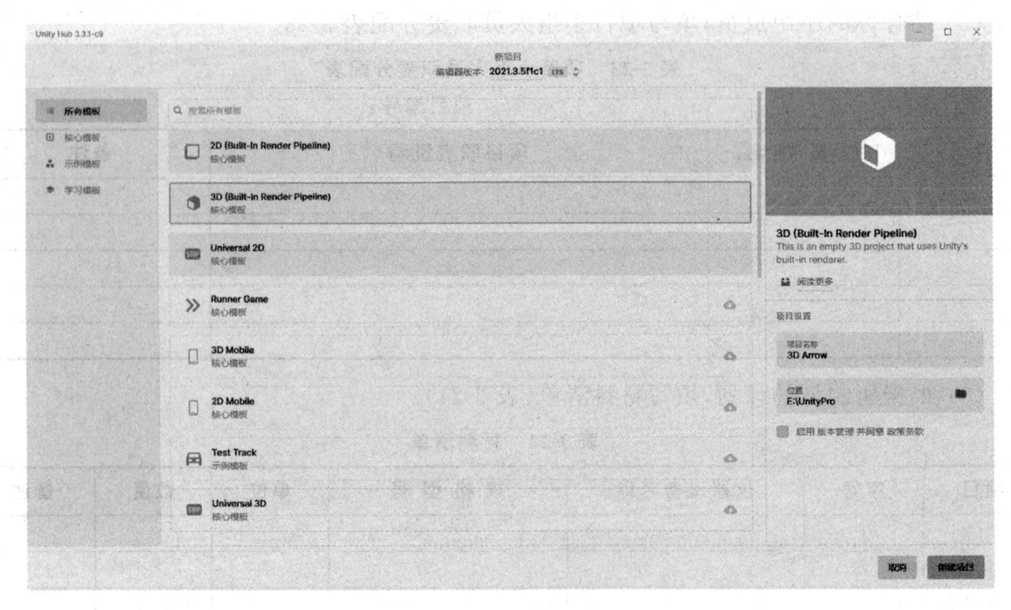

图 3-63　创建项目

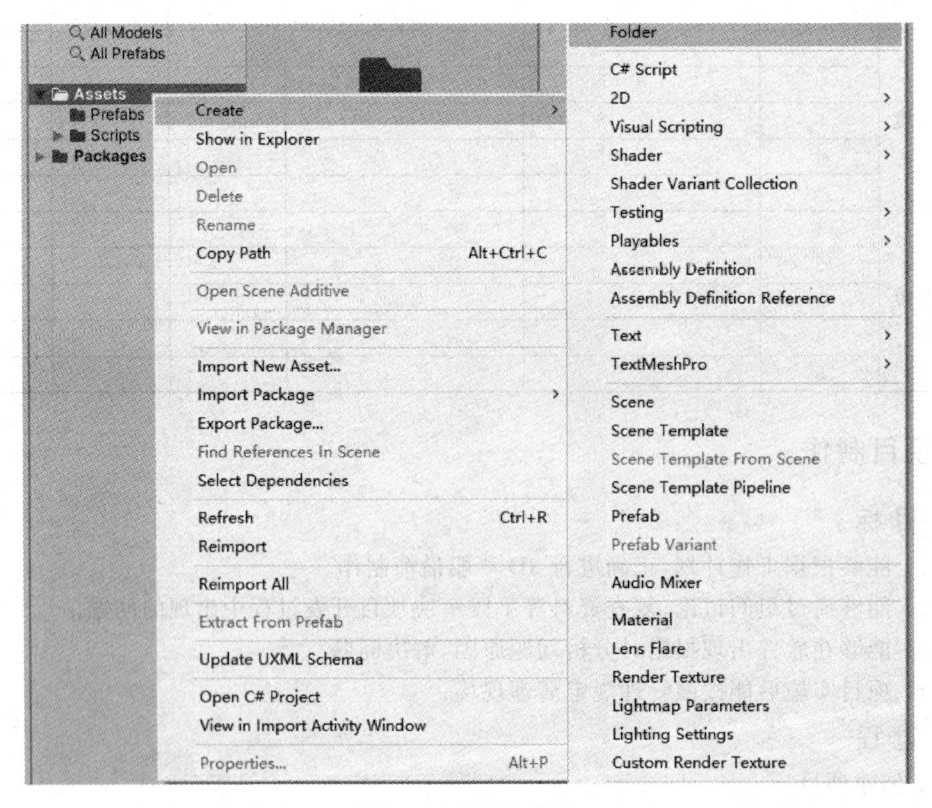

图 3-64　创建文件夹

(3) 在 Scene 文件夹下单击鼠标右键依次选择 Create→Scene，修改其名称为 Main，用于制作游戏初始界面、创建游戏场景并修改其名称为 Level，用于制作找不同游戏界面，如图 3-66 所示。

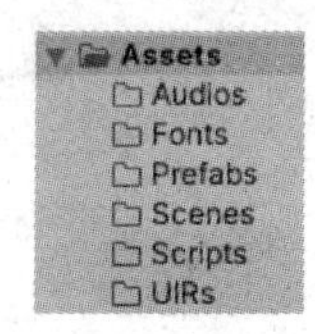

图 3-65　文件目录

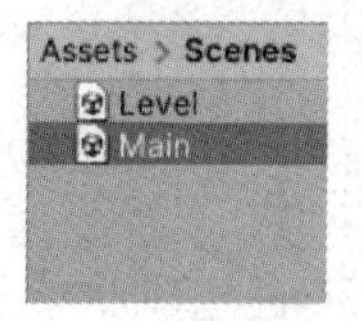

图 3-66　创建场景

(4) 素材处理，选择本项目中所用到的 2D 迷宫图片素材，鼠标左键单击任意素材后找到 Texture Type 选项，设置属性为 Sprite(2D and UI)后单击右下角 Apply 按钮进行应用，将处理好的素材存放到 UIRes 文件夹中，如图 3-67 和图 3-68 所示。

图 3-67　图片导入后默认属性

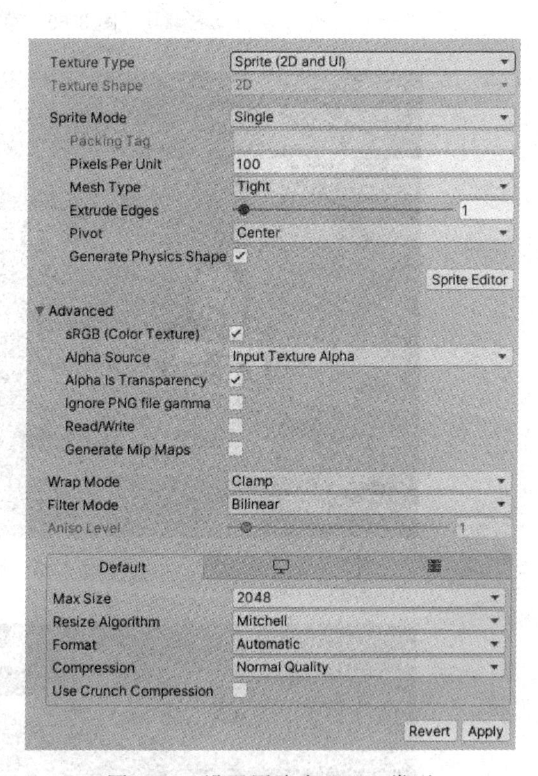

图 3-68　设置图片为 Sprite 类型

2) 搭建游戏 UI 界面

(1) 根据用户需求、策划文档、游戏主界面图布局游戏开始界面，在场景中创建 Canvas 对象并在其下创建子物体 Image，修改子物体名称为 BackGround，从 UIRes 文件夹找到背景图素材并完成赋值，如图 3-69 所示。

3D 草船借箭 UI 搭建

(2) 根据用户需求设计搭建阵营选择界面，如图 3-70 所示。

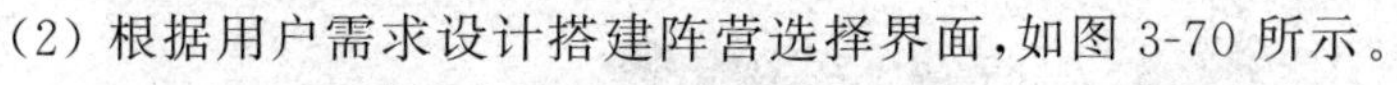

(3) 以打字机的方式显示故事背景，如图 3-71 所示。

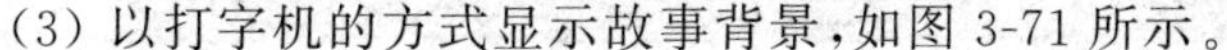

图 3-69 草船借箭主界面

图 3-70 阵营选择界面

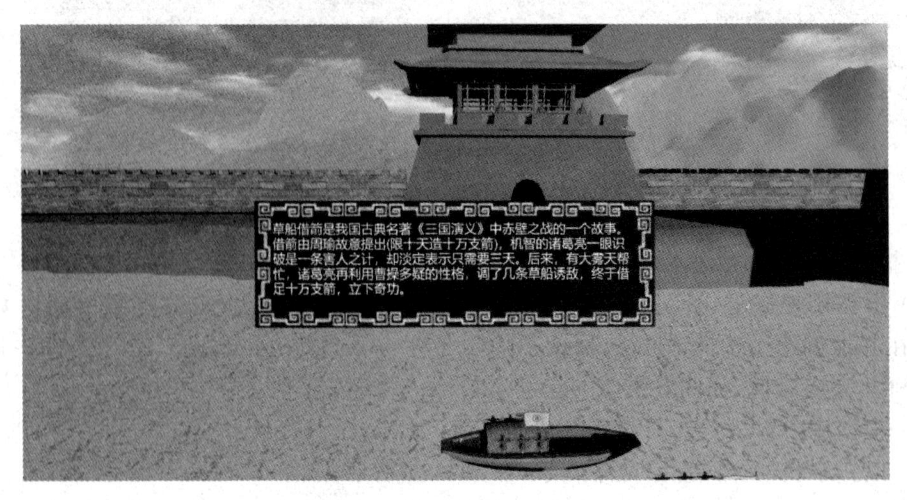

图 3-71 故事背景显示界面

3）场景处理

（1）根据素材搭建游戏场景，如图 3-72 所示。

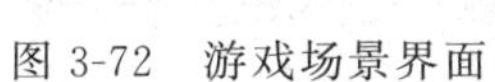
图 3-72　游戏场景界面

（2）在稻草人上添加碰撞体，在空对象上添加 BoxCollider（盒型碰撞器）组件，如图 3-73 所示。

图 3-73　添加盒型碰撞器

4）游戏核心功能制作与脚本编写

（1）编写阵营选择脚本。

```
using System.Collections;
using System.Collections.Generic;
using UnityEngine;

public class CampChose : MonoBehaviour
{
    public enum Camp                              //曹刘阵营枚举
    {
```

```
        None, Cao, Liu
    }
    public static CampChose instance;
    public Camp camptype;
    private void Awake()
    {
        instance = this;
    }
    public void SetType(string camp)
    {
        switch (camp)
        {
            case "Cao":
                camptype = Camp.Cao;
                break;
            case "Liu":
                camptype = Camp.Liu;
                break;
            default:
                break;
        }
    }
}
```

(2) 编写打字机效果脚本。

```
using System.Collections;
using System.Collections.Generic;
using UnityEngine;
using UnityEngine.UI;
using UnityEngine.Events;
public class DZJ : MonoBehaviour
{
    private Text gameInfo;
    private string str;
    private float timer = 0.1f;
    public UnityEvent next;

    void Start()
    {
        gameInfo = GetComponent<Text>();
        str = gameInfo.text;
        gameInfo.text = string.Empty;
        StartCoroutine("typeWritting");
    }
    IEnumerator typeWritting()
    {
        for (int i = 0; i < str.Length + 1; i++)
        {
            gameInfo.text = str.Substring(0, i);
            yield return new WaitForSeconds(timer);
```

```
        }
        yield return new WaitForSeconds(2);
        next.Invoke();
    }
}
```

(3) 控制士兵动画状态机设置，如图 3-74 所示。

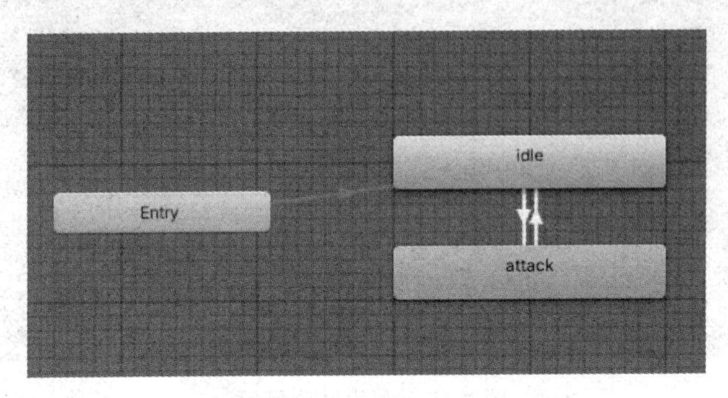

图 3-74　动画控制器设置

(4) 编写控制船只移动脚本。

```
using System.Collections;
using System.Collections.Generic;
using UnityEngine;

public class ShipMove : MonoBehaviour
{
    void Update()
    {
        if (GameManager.gameManager.camp) //如果阵营为刘
        {
            float x = Input.GetAxisRaw("Horizontal");
            transform.Translate(0, 0, x * Time.deltaTime);
        }
    }
}
```

(5) 处理玩家得分 UI 界面搭建与脚本编写，如图 3-75 所示。

```
using System.Collections;
using System.Collections.Generic;
using UnityEngine;
using UnityEngine.UI;
public class ScoreManager : MonoBehaviour
{
    public static ScoreManager scoreManager;
    public int score;
    private float Timer = 60;
    public ShipMove ship;
    public Text scoretext;
    public Text Timertext;
    public Text Endtext;
    void Start()
```

图 3-75 游戏得分界面

```
    {
        scoreManager = this;
        gameObject.SetActive(false);
    }
    // Update is called once per frame
    void Update()
    {
        if (score >= 100)
        {
            GameManager.gameManager.isShoot = false;
            ship.enabled = false;
            Endtext.transform.parent.gameObject.SetActive(true);
            Endtext.text = CampChose.instance.camptype == CampChose.Camp.Cao ? "不好,中计
了!" : "恭喜获得 10 万支箭";;
        }
        else
        {
            Timer -= Time.deltaTime;
            if (Timer >= 0)
            {
                Timertext.text = "倒计时:" + Timer.ToString("00") + "秒";
            }
            else
            {
                GameManager.gameManager.isShoot = false;
                ship.enabled = false;
                Timertext.text = "倒计时:00 秒" ;
                score = 100;
                SetScoText();
            }
        }
    }
    public void SetScoText()
    {
```

```
        scoretext.text = "分数:" + score + "分";
    }
}
```

(6) 编写弓箭轨迹模拟脚本。

```
using UnityEngine;
using System.Collections;

public class ArrowShot : MonoBehaviour
{

    public float Power = 10;   //代表发射时的速度/力度等,可以模拟不同的力大小
    public float Angle = 45;                                   //发射的角度
    public float Gravity = -10;                                //代表重力加速度
    private Vector3 MoveSpeed;                                 //初速度向量
    private Vector3 GritySpeed = Vector3.zero;                 //重力的速度向量,初始为0向量
    private float dTime;                                       //已经过去的时间
    public bool isMove;                                        //弓箭移动
    // Use this for initialization
    void Start()
    {
        isMove = true;
        //通过一个公式计算出初速度向量
        //角度×力度
        MoveSpeed = Quaternion.Euler(new Vector3(-Angle, 0, 0)) * Vector3.back * Power;
        Destroy(this.gameObject, 4);
    }

    // Update is called once per frame
    void FixedUpdate()
    {
        //计算物体的重力加速度
        //v = at ;
        if (isMove)
        {
            GritySpeed.y = Gravity * (dTime += Time.fixedDeltaTime);
            //位移模拟轨迹
            transform.Translate(MoveSpeed * Time.fixedDeltaTime);
            transform.Translate(GritySpeed * Time.fixedDeltaTime);
        }
    }
}
```

(7) 编写弓箭生产位置脚本。

```
using System.Collections;
using System.Collections.Generic;
using UnityEngine;

public class ArrowGroup : MonoBehaviour
{
    public GameObject arrow;
```

```
    private Transform arrowPos;
    private int x,y,z;
    void Start()
    {
        arrowPos = this.transform;
    }
    void Update()
    {
        if (GameManager.gameManager.isShoot)
        {
            for (int i = 0; i < 30; i++)
            {
                x = Random.Range(-5, 5);
                y = Random.Range(-8, 8);
                z = Random.Range(-10, 10);
                Instantiate(arrow, arrowPos.position + new Vector3(x,y,z), arrow.transform.
rotation);
            }
            GameManager.gameManager.isShoot = false;
        }
    }
}
```

5）处理其他游戏功能

（1）编写脚本处理游戏计时功能。

```
using System.Collections;
using System.Collections.Generic;
using UnityEngine;
using UnityEngine.UI;
public class CDTimer : MonoBehaviour
{
    float GameTime = 60;              // 游戏总时间,int 或者 float 都可,单位为秒
    float TimeLeft;                   // 游戏剩余时间,单位为秒
    float Timer;                      // 计时器
    public Text TimeCountDown;        // 计时器 Text 引用

    void Update()
    {
        Timer += Time.deltaTime;
        if (GameTime > 0)
        {
            if (Timer >= 1)           // 每过 1 秒执行一次
            {
                GameTime -= 1;    // 剩余秒数 - 1
                // 对计时器文本格式化输出
                TimeCountDown.text = "倒计时:" + string.Format("{0:00}", GameTime) + "秒";
                Timer = 0;
            }
        }
    }
}
```

(2) 编写游戏管理脚本。

```
using System.Collections;
using System.Collections.Generic;
using UnityEngine;
public class GameManager : MonoBehaviour
{
    public static GameManager gameManager;
    public bool camp;                //阵营 刘 true 曹 false
    public bool isShoot;             //射击
    public bool isQuit;              //退出游戏
    public GameObject isStart;       //开始游戏
    public void Awake()
    {
        gameManager = this;
      // DontDestroyOnLoad(this);
    }
    void Update()
    {
        if (isQuit)
        {
            QuitGame();
        }
    }
    public void QuitGame()
    {
        Application.Quit();
        Debug.Log("程序退出");
    }
}
```

3D 草船借箭逻辑代码 1

3D 草船借箭逻辑代码 2

3D 草船借箭逻辑代码 3

6) 项目发布与调试

(1) 在编辑器状态下运行游戏,检查是否有代码报错、镜头位置偏差、UI 布局不合理、素材效果不准确等情况,修改项目完成编辑器内调试工作。

(2) 检查无误后单击 File 文件菜单,选择“BuildSetting”选项,添加要发布的场景,选择发布平台,单击“Build”按钮将程序发布在桌面上。

(3) 运行游戏。

3D 草船借箭工程源码

7) 问题解决

游戏制作过程中是否出现问题,若出现则分析问题原因,并说明是如何解决的。

____

____

____

____

____

____

____

8）项目验收

（1）在本任务中，你是甲方还是乙方？

____

（2）在一般 3D 游戏制作项目中，甲方与乙方的关系是什么？

____

____

____

____

教学活动 3：评价

学习目标

（1）能够客观地对本小组进行成绩认定。

（2）提高学生的职业素养意识。

学习过程

（1）填写专业能力评价表 3-35。

表 3-25　专业能力评价表

评分要素	配分	评 分 标 准	得分	备注
一、基本要求	2	文件命名：与客户需求一致 2 分		
	2	文件保存位置：与客户需求一致 2 分		
	2	文件格式：与客户需求一致 2 分		
	2	文件运行：格式正确且能正常打开 2 分		
	2	游戏帧率：不低于 60FPS 2 分		
二、功能效果	20	主界面效果 10 分 游戏界面效果 10 分		
	20	实现草船借箭介绍 5 分 实现控制草船移动 5 分 交互方式符合用户要求 5 分 根据要求完成阵营选择功能 5 分		
	20	实现游戏计分功能 5 分 实现控制士兵动画 5 分 根据要求制作地形 5 分 实现弓箭射击 5 分		
三、整体效果	10	游戏完整度 10 分		
	10	游戏流畅性、交互准确 10 分		
四、职业素养	10	①职业意识，无消极行为，如拒绝任务等 2 分 ② 职业规范，无作弊行为等 2 分 ③ 团队协作，分工有序、组内无争议 2 分 ④ 遵守纪律，无大声喧哗 2 分 ⑤ 团队风貌良好，衣着整洁 2 分		
合　计				

（2）填写任务评价表3-26。

表3-26　任务评价表

<table>
<tr><td colspan="2" rowspan="2">专业能力(50分)</td><td>自我评价
(30%)</td><td>小组评价
(30%)</td><td>教师评价
(40%)</td><td>小　计</td><td>总　计</td></tr>
<tr><td></td><td></td><td></td><td></td><td></td></tr>
<tr><td colspan="2">职业素质(50分)</td><td>自我评价
(30%)</td><td>小组评价
(30%)</td><td>教师评价
(40%)</td><td>小　计</td><td>总　计</td></tr>
<tr><td rowspan="8">综合能力</td><td>自主学习能力
5分</td><td></td><td></td><td></td><td></td><td rowspan="8"></td></tr>
<tr><td>团队协作能力
10分</td><td></td><td></td><td></td><td></td></tr>
<tr><td>沟通表达能力
5分</td><td></td><td></td><td></td><td></td></tr>
<tr><td>搜集信息能力
10分</td><td></td><td></td><td></td><td></td></tr>
<tr><td>解决问题能力
5分</td><td></td><td></td><td></td><td></td></tr>
<tr><td>创新能力
5分</td><td></td><td></td><td></td><td></td></tr>
<tr><td>安全意识
5分</td><td></td><td></td><td></td><td></td></tr>
<tr><td>思政考核
5分</td><td></td><td></td><td></td><td></td></tr>
<tr><td colspan="6">总成绩(知识、能力、素质)</td><td></td></tr>
</table>

教学活动4：总结

学习目标

（1）能以小组形式，对学习过程和实训成果进行汇报总结。

（2）了解简单3D游戏项目从开始到结束的流程。

学习过程

1）经验总结

（1）通过对本任务的学习，你最大的收获是什么？请简要说说。

____

____

____

____

____

____

(2) 你认为在软件工程项目中,从接受甲方任务到最终交付验收,都要经过哪些环节?

____
____
____
____
____
____

2) 汇报成果

本小组是以何种方式进行汇报的?请简要说明汇报思路与内容。

____
____
____
____
____
____

任务练习

实操题

(1) 请制作新版3D草船借箭游戏。

(2) 在本任务提供的素材的基础上适当添加合适的模型,增加在选择刘备阵营时游戏难度调整的功能环节,在此模式下玩家可以选择"容易"或"困难"两种模式进行游戏。

任务学习资料

拓展知识

1) Unity与建模软件单位的比例关系

主流的3D建模软件都有其默认的单位长度,在Unity中默认的系统单位为"米",默认情况下一个单位长度的大小是1米(如表3-27所示)。但是3D建模软件默认的系统单位并不都是"米",如果使用默认系统单位的话,导入Unity的模型可能会过大或者过小。为了让模型在导入Unity引擎后都能够保持其原本的尺寸,这就需要调整建模软件的系统单位或者尺寸。在3D建模软件中,应尽量使用"米"为单位。

表3-27 Unity与建模软件单位的比例关系

建模软件	建模软件内部米制尺寸/m	导入Unity中的尺寸/m	与Unity单位的比例关系
3ds Max	1	0.01	100∶1
Maya	1	100	1∶100
Cinema 4D	1	100	1∶100

以 3dsMax 为例，介绍参数设置调整的过程。如果想让模型在导入 Unity 引擎后能够保持其本来的尺寸，可以按照下面的步骤操作。经过参数设置调整过后导出的模型都是按照 1∶1 导出的，可以直接导入 Unity 中。

（1）打开 3dsMax 软件后，打开“自定义”菜单下的“单位设置”选项。如图 3-76 所示。

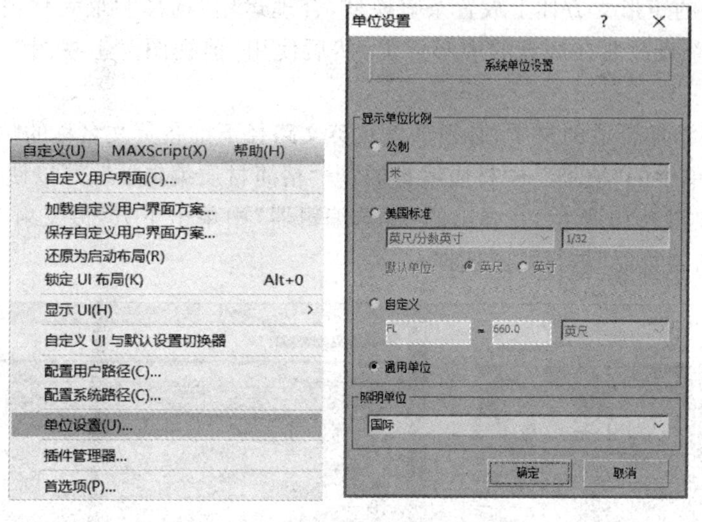

图 3-76　单位设置

（2）在弹出的“单位设置”对话框中，将“显示单位比例”下的“公制”选项修改为“厘米”。如图 3-77 所示。

（3）单击对话框顶部的“系统单位设置”按钮，在弹出的“系统单位设置”对话框中将单位修改为“厘米”。如图 3-78 所示，修改完成后单击“确定”按钮完成参数设置调整。

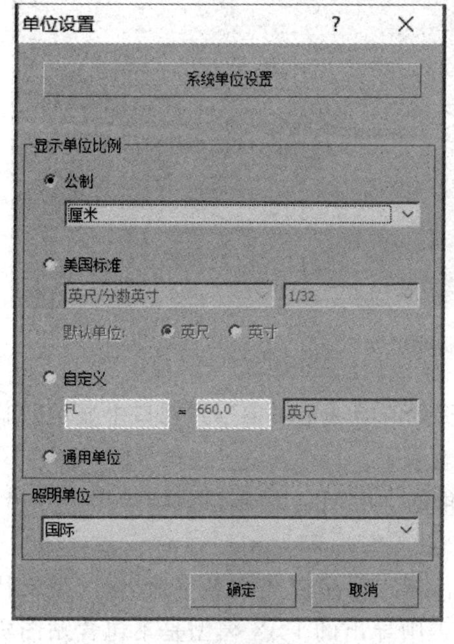

图 3-77　设置单位比例

图 3-78　系统单位设置

2）3ds Max 模型制作与导入 Unity 流程

(1) 统一 3ds Max 与 Unity 的尺寸，由于 Unity 模型的默认单位为“米”，在 3ds Max 中也建议使用“米”作为开发的基本单位。

(2) 在 3ds Max 中制作一个扁平的矩形立方体，选择合适的尺寸(默认数值过大)。

(3) 在扁平的矩形立方体上放置茶壶模型，合理运用“选择”“最大化视图”“整体移动”等工具，尽量把茶壶放置在底盘的中心点上，然后使用“前视图”“上视图”“左视图”进一步规范其位置。

(4) 给模型添加合适的材质，必须事先在英文路径下准备英文名称的贴图文件，然后选择模型，单击菜单中的“渲染”→“材质编辑器”→“精简材质编辑器”(可以使用“M”快捷键快速弹出窗口)，如图 3-79 所示，在弹出的“材质编辑器”中单击下方“漫反射”右边的小按钮。弹出“材质/贴图浏览器”进行贴图选择。

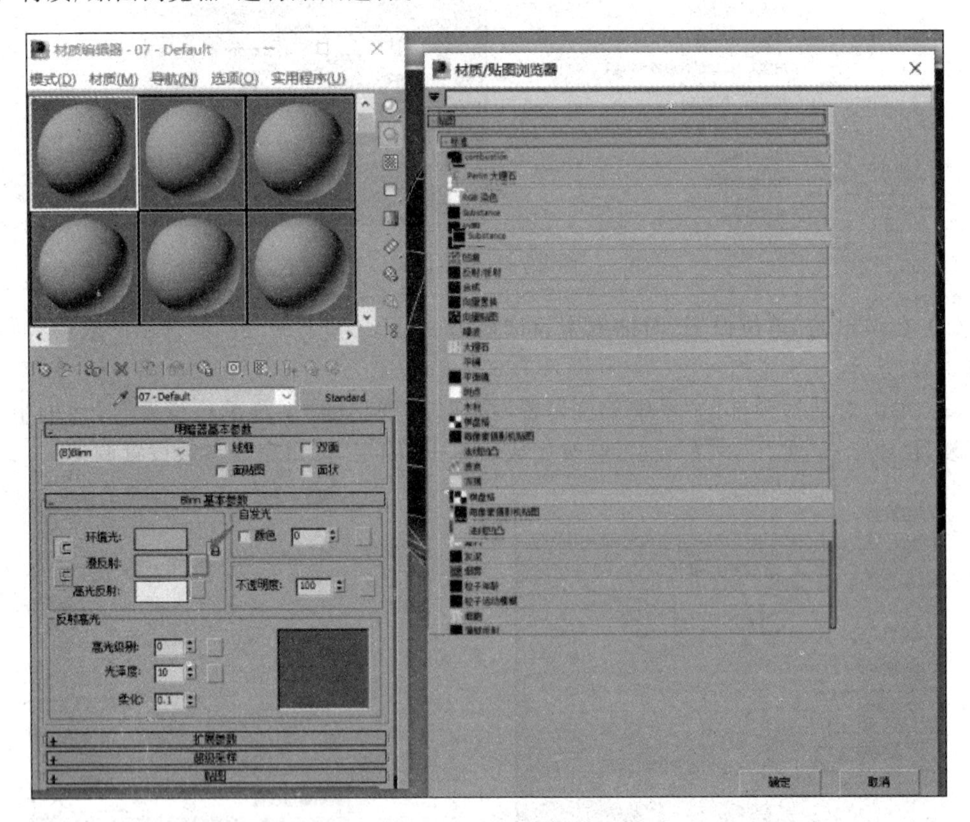

图 3-79 材质编辑器

(5) 给指定模型选择好贴图后，单击“将材质赋值给选定对象”与“视口中显示明暗处理材质”按钮后，就可以看到模型添加材质显示的效果了。

(6) 进行模型的导出处理。单击软件左上角的 3ds Max 标志，选择“导出→导出”。如图 3-80 所示。

(7) 在弹出的对话框中选择 FBX 模型输出路径(尽量以英文名字命名)。需要特别注意的是，在导出选项中勾选“嵌入的媒体”选项，否则导出的 FBX 模型是不包含贴图资源的(只有贴图的路径引用)，很容易导致模型在 Unity 中发生丢失贴图，如图 3-81 所示。

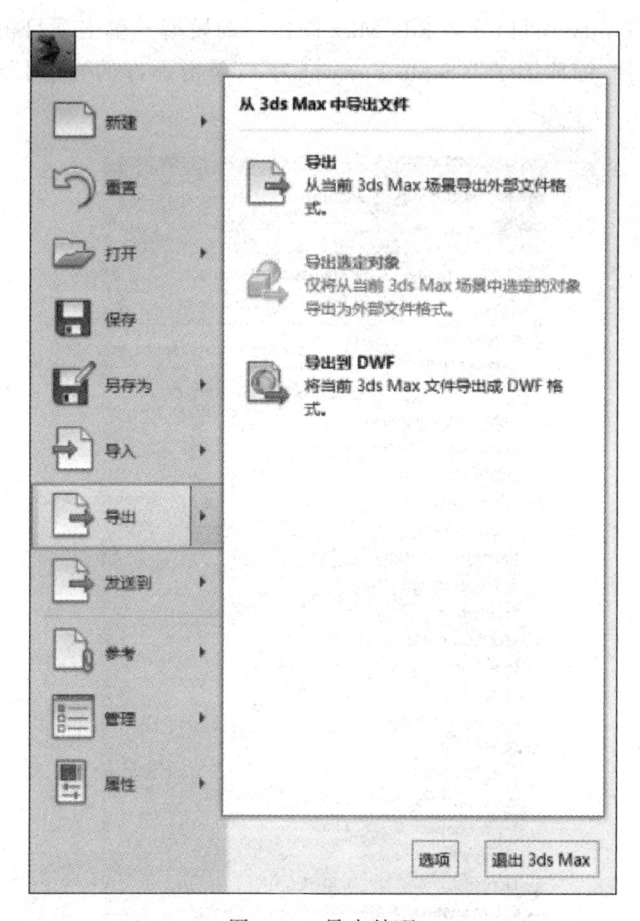

图 3-80　导出处理

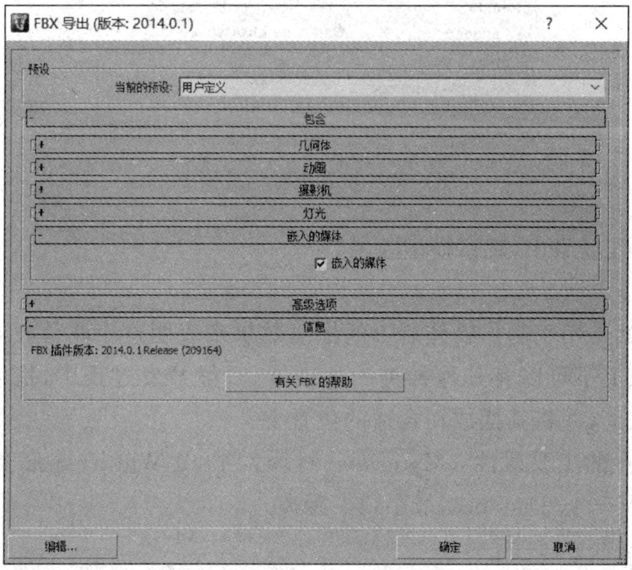

图 3-81　导出设置

(8) 新建一个 Unity 项目,导入 3ds Max 制作好的模型。单击项目视图中的“Model”,然后在属性窗口选择“缩放因子”(Scale Factor)为 1,单击下方的“应用”(Apply)按钮。如图 3-82 所示。

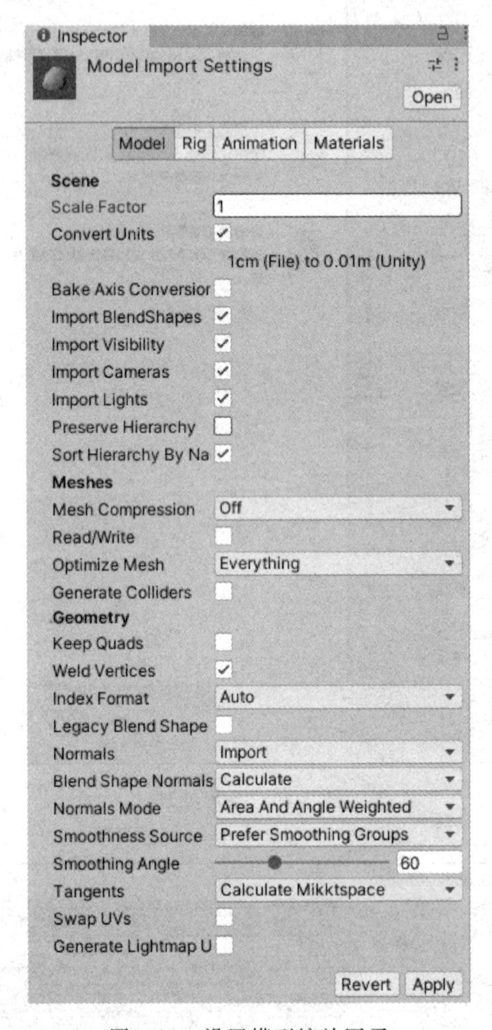

图 3-82 设置模型缩放因子

(9) 将模型放入场景中,观察模型效果。

3) 拖痕渲染器

拖痕渲染器,就是用于制作物体后方的拖痕效果来表明这个物体正在移动。挂载拖痕渲染器的游戏对象上不可以有其他种类的渲染器,一般开发过程中,拖痕渲染器都会挂载到一个空游戏对象上,并将其摆放在合适的位置上。

Trail Renderer 的主要属性:Materials(材质)、Trail Width(拖痕宽度)、Trail Colors(拖痕颜色)、Min Vertex Distance(最小顶点距离)。

4) 数据传值技术

为了方便 Unity 物体之间的通信,Unity 推出了 SendMessge 方法。脚本调用该方法发送消息,可以使自身所有脚本或者父物体、子物体身上的所有脚本进行接收,其接收的类型为 Object。这是 Unity 提供的消息推送机制，可以非常方便我们的脚本开发，它实现的是一种伪监听者模式，利用的是反射机制。

关于消息推送常用的函数：

（1）SendMessage：调用一个对象的 methodName 函数，这个函数可以是公有的也可以是私有的，后面跟一个可选参数（此参数作为传入参数），最后面跟一个可选的设置参数。

（2）SendMessageUpwards：其作用和 SendMessage 类似，只不过它不仅会向当前对象推送一个消息，也会向这个对象的父对象推送这个消息（注：是会遍历所有父对象）。

（3）BroadcastMessage：这个函数的作用和 SendMessageUpwards 的作用正好相反，其推送消息给所有的子对象（注：是会遍历所有子对象）。

这些函数都是 GameObject 或者 Component 的成员函数，只要得到一个对象，然后调用它的这三个函数就可以进行一个消息的推送。也就是说获得一个物体对象，然后调用 gameObject.SendMessage(functionA...)，这个方法就会遍历自身的所有组件，只要一个组件中有函数 functionA，那么 functionA 就会被调用，并且同时传递参数。

学习任务四

3D 密室解密游戏制作

课程前置

1. 粒子系统

粒子系统通过对一两个材质进行重复的绘制来产生大量的粒子，并且产生的粒子能够随时间在颜色、速度、体积等方面的变化，不断产生新的粒子销毁旧的粒子，基于这些特性就能够很好地打造出绚丽的火焰、烟花、闪电、雪花等特效。

1）创建粒子系统对象

依次选择菜单栏中 GameObject→Effects→Particle System，即可在场景中创建一个名称为 Particle System 的粒子系统对象，如图 4-1 所示。

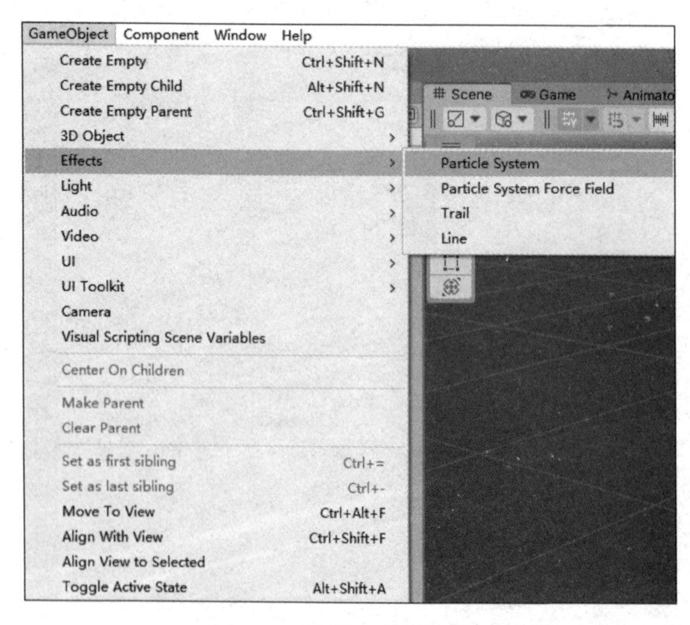

图 4-1 创建粒子系统对象

此时场景中出现向上飞舞的“雪花”粒子，如图 4-2 所示。粒子系统基本是在三维空间中渲染出二维图像，可以通过参数对其效果进行调节。

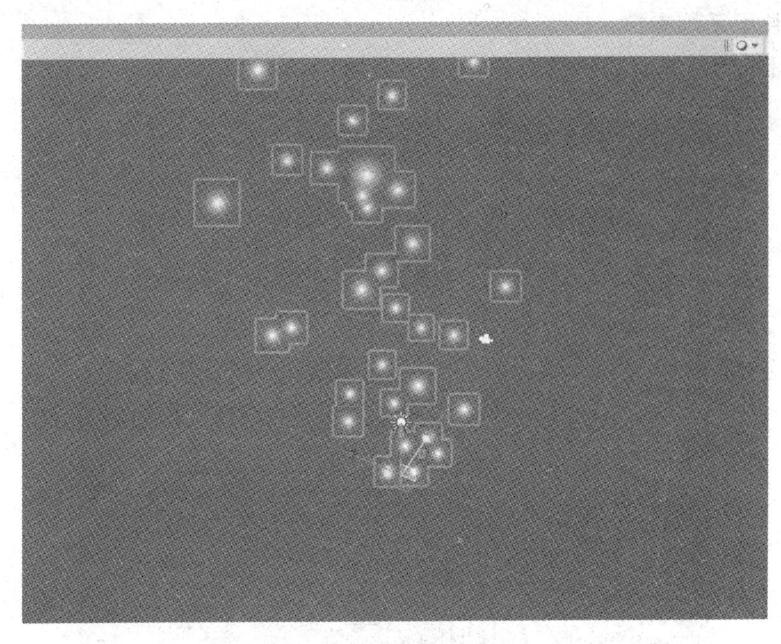

图 4-2　粒子默认效果

2）认识粒子系统控制面板

粒子系统的控制面板主要由 Inspector 检视视图中 Particle System 组件的属性面板及 Scene 场视图中的 Particle Effect 两个面板组成。在 Hierarchy 层次视图单击粒子系统对象，这样 Inspector 视图出现粒子系统参数的设置区域，在该区域内可以通过调节参数。如图 4-3 所示。

图 4-3　粒子系统控制面板与属性面板

Scene 视图右下角的 Particle Effect 面板用于控制粒子的仿真过程（播放粒子效果、暂停粒子效果播放等）。

3）认识粒子系统参数

（1）Particle System（粒子模块）如图 4-4 所示。

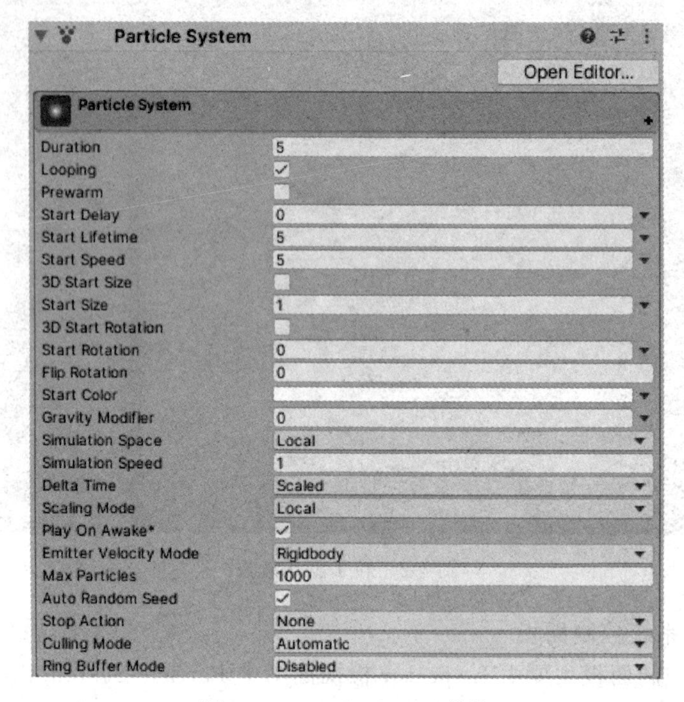

图 4-4　Particle System 模块

Particle System 模块主要参数及含义如表 4-1 所示。

表 4-1　Particle System 主要参数名及含义

参数名	含　义
Duration	持续时间，发射粒子的时间长度。如果系统正在循环，则该长度表示一个生命周期的长度
Looping	循环播放。勾选后会在持续时间之后重复发射周期
Prewarm	预热。播放粒子效果时，预热系统将处于一种好像其已经发出了一个循环周期的状态。只能在勾选 Looping 时使用
Start Delay	启动延时。在发射粒子之前等待的延迟时间（以秒为单位）。不能与预热循环系统共用，0 为立即播放
Start Lifetime	起始生命周期。即存活时间，以秒为单位的开始生命周期，粒子将在其生命周期达到 0 时消亡
Start Speed	起始速度，在起始方向施加的粒子的起始速度
3D Start Size	3D 起始大小。如果启用，可以分别控制每个轴的大小
Start Size	起始大小。粒子的起始大小
3D Start Rotation	3D 起始旋转。如果启用，可以分别控制每个轴的旋转
Start Rotation	起始旋转。粒子的起始旋转度数
Randomize Rotation	随机旋转。导致某些粒子朝反方向翻转（设置在 0～1 之间，值越大，翻转越多）
Start Color	粒子发射时的初始颜色

续表

参数名	含　义
Gravity Modifier	重力密度。调整粒子所受重力影响的程度，为0则关闭重力效果
Simulation Speed	模拟速度。调整整个粒子系统的速度
Simulation Space	模拟空间。使粒子位置在世界、本地或自定义空间中模拟。在本地空间中，粒子会保持与其自身的“转换”相对，而在自定义空间中，粒子会保持与自定义“转换”相对模拟坐标系，粒子系统的坐标是在世界坐标系还是自身坐标系
Delta Time	单位时间。有Scaled(标定)和Unscaled(非标定)两个选项，其中Scaled使用Time Manager中的Time Scale(时间比例)值，而Unscaled则忽略该值。在暂停菜单中的粒子效果是有用的
Scaling Mode	缩放模式。有Hierarchy(层次结构)、Local(本地)和Shape(形状)三个选项。Local仅应用粒子系统本身的变换，忽略任何父对象。Shape则将比例应用到粒子的起始位置，但不影响它们的大小
Play On Awake	唤醒时播放。如果启用，系统将自动开始播放。注意，此设置在当前粒子效果中的所有“粒子系统”之间共享。不影响Start Delay的效果
Emitter Velocity	发射器速度。发射器速度粒子系统正在移动时，应该使用“转换”(transform)或“刚体组件”来计算它的速度
Max Particles	最大粒子数。系统中粒子数量受此数量的限制，达到此数量后，将暂时停止发射
Auto Random Seed	自动随机种子。每次播放效果时都会做不同模拟
Stop Action	停止行动。当属于系统的所有粒子都已完成时，可以使系统执行一个动作。对于循环系统，只有通过脚本停止时才会发生这种情况

(2) Emission(发射模块)。在粒子的发射时间内，可实现在某个特定的时间生成大量粒子的效果，这对于模拟爆炸等需要产生大量粒子的情形非常有用，如图4-5所示。

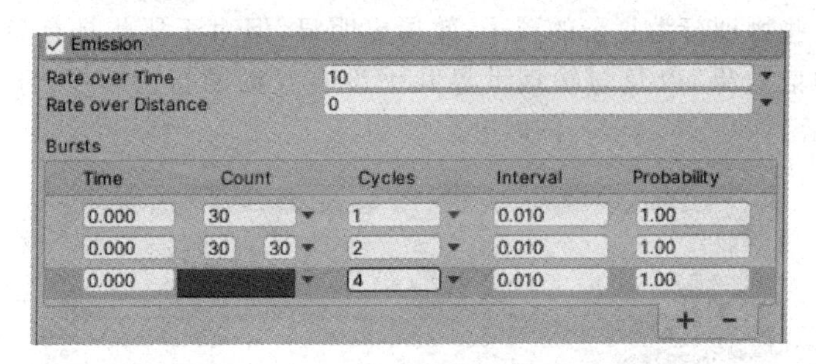

图4-5　发射模块

Emission主要参数及含义如表4-2所示。

表4-2　Emission参数名及含义

参数名	含　义
Rate over Time	随时间的速率。每单位时间发射的粒子数量
Rate over Distance	通过距离的速率。每单位距离发射的粒子数量
Burst	爆发。产生粒子爆发的效果，通过Time(时间)、Count(数量)、Cycles(周期)、Interval(间隔)四个参数调整

(3) Shape(形状模块)。形状模块定义了粒子发射出去后的形态。可提供沿着该形状表面法线或随机方向的初始力，控制粒子的发射位置及方向，如图4-6所示。

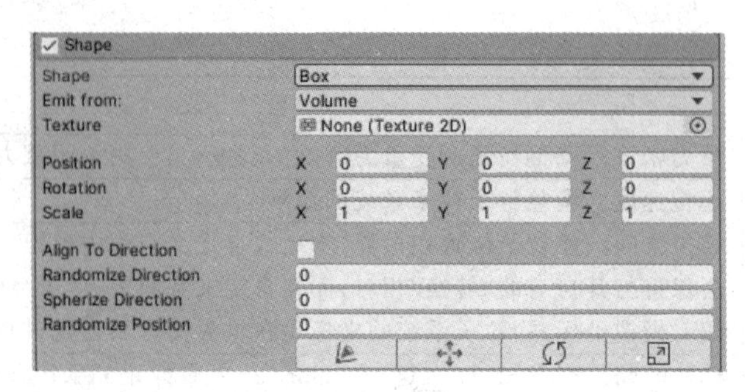

图 4-6　形状模块

Shape 主要参数及含义如表 4-3 所示。

表 4-3　Shape 主要参数名及含义

参 数 名	含　　义
Shape	形状。定义粒子发射体的形状以及初始速度的方向。Sphere：球体；Hemisphere：半球；Cone：锥体；Donut：圆环；Box：盒子；Mesh：网格；Mesh Renderer：网格渲染器；Skinned Mesh Renderer：蒙皮网格渲染器；Sprite：精灵；Sprite Renderer：精灵渲染器；Circle：圆形；Edge：边缘；Rectangle：矩形
Angle	锥形斜面和垂直方向的夹角。如 0°就是圆柱，90°就是跟平面类似
Radius	锥形底面半径
Radius Thickness	发射粒子的体积比例，值为 0 表示从形状的外表面发射粒子，值为 1 表示从整个体积发射粒子，介于两者之间的值将使用体积的一定比例
Texture	用于为粒子着色和丢弃粒子的纹理

（4）Velocity over Lifetime（生命周期速度模块）。该模块控制着生命周期中内每一个粒子的速度，对那些物理行为复杂的粒子，效果更明显，但对于那些具有简单视觉行为效果的粒子（如烟雾飘散效果）以及与物理世界几乎没有互动的行为粒子，此模块作用就不明显。如图 4-7 所示。

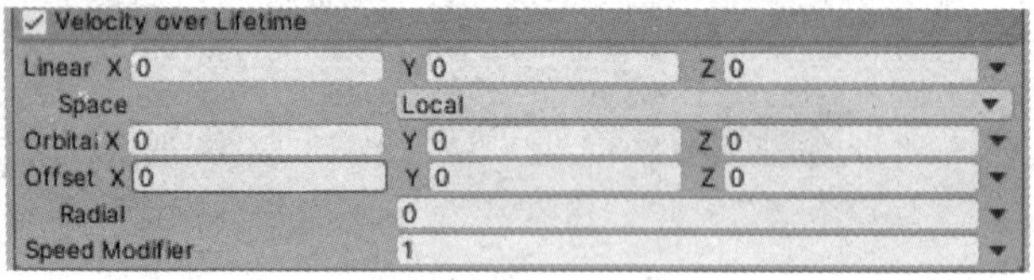

图 4-7　生命周期速度模块

Velocity over Lifetime 主要参数及含义如表 4-4 所示。

表 4-4　Velocity over Lifetime 参数名及含义

参 数 名	含　　义
Linear X,Y,Z	粒子在 X、Y 和 Z 轴上的线速度
Space	指定 Linear X、Y、Z 轴是参照本地空间还是世界空间
Orbital X，Y，Z	粒子围绕 X、Y 和 Z 轴的轨道速度
Offset X，Y，Z	轨道中心的位置，适用于轨道运行粒子
Radial	粒子远离/朝向中心位置的径向速度
Speed Modifier	在当前行进方向上/周围向粒子的速度应用一个乘数

(5) Color over Lifetime(生命周期颜色模块)。该模块控制着粒子在其生命周期内的颜色变化。如图 4-8 所示。

单击默认的白色的颜色块弹出 Gradient Editor 对话框来选择渐变颜色。如图 4-9 所示。这个模块可以制作烛光、烟花等效果。渐变条的左侧点表示粒子寿命的开始,渐变条的右侧表示粒子寿命的终点。如图 4-9 所示。

图 4-8　生命周期颜色模块

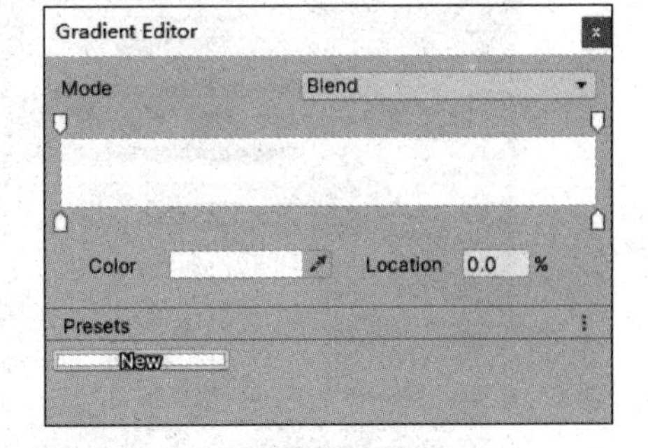

图 4-9　生命周期颜色模块编辑界面

单击颜色条上方滑块后调节透明度。下方滑块选择调整颜色。整个颜色块从左至右代表粒子的生命周期,如左侧调整为红色,右侧调整为蓝色,则当粒子生成时一开始效果为蓝色,待粒子即将销毁前变为红色,如图 4-10 所示。

(6) Size over Lifetime(生命周期的尺寸模块)。此模块控制每个粒子在其生命周期内的大小变化。一些粒子在离开发射点时会改变尺寸,例如气体、火焰或烟雾颗粒。如图 4-11 所示。

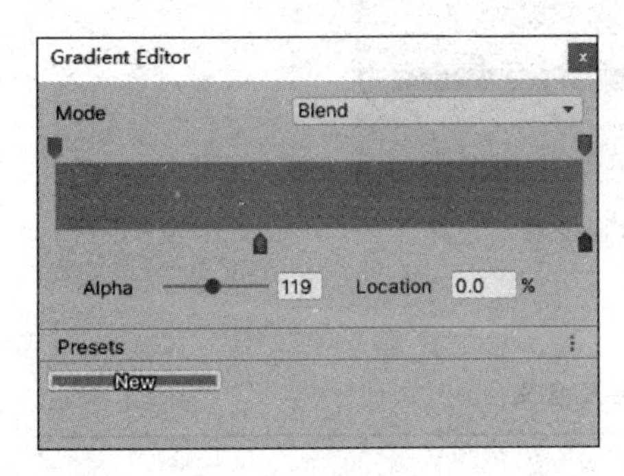

图 4-10　生命周期颜色模块编辑展示

图 4-11　生命周期尺寸模块

单击粒子系统右上角 Open Editor 显示编辑面板。然后单击 Size 标签右侧曲线进入 Particle System Curves 编辑界面,在此界面调整曲线,改变粒子大小,其中横轴代表生命周期,纵轴代表粒子大小,通过鼠标拖拽曲线改变粒子生命周期中各个时间段的粒子大小。在调节曲线下方有几个预设,鼠标左键单击可以直接更换曲线,达到相应的效果,如图 4-12 所示。该模块可以用于调节火焰效果。

(7) Texture Sheet Animation(纹理贴图序列帧动画模块)。该模块允许粒子的图形不必是静止图像,此模块允许将纹理视为可以作为动画序列帧进行播放的一组单独子图像。如图 4-13 所示。

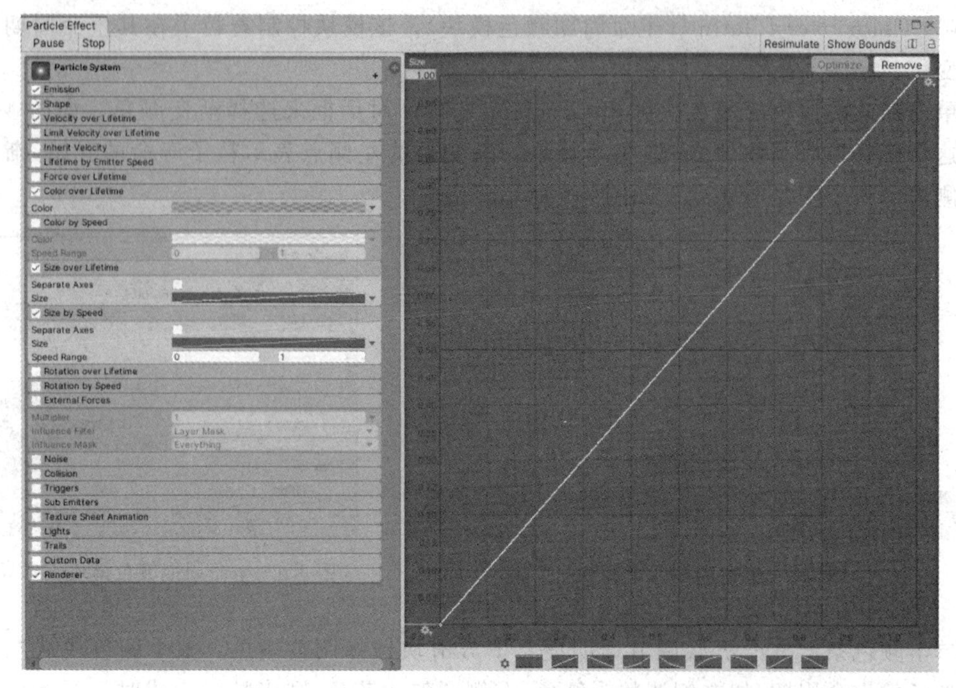

图 4-12 曲线调节

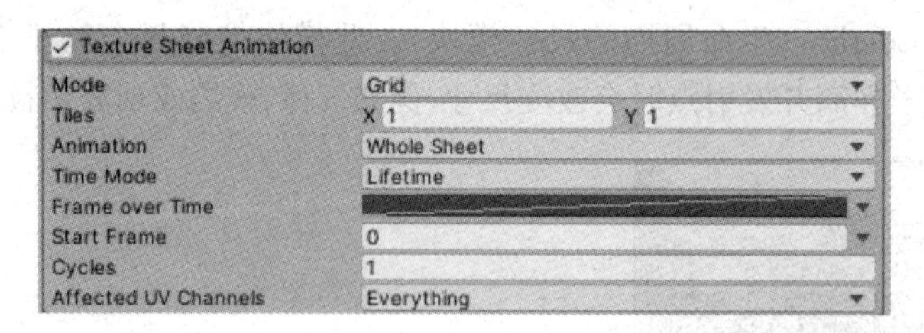

图 4-13 纹理贴图序列帧动画模块

Grid 模式属性参数名及含义如表 4-5 所示。

表 4-5 Grid 模式属性参数名及含义

参 数 名	含 义
Mode	弹出菜单，选择 Grid 模式
Tiles	纹理在 X(水平)和 Y(垂直)方向上划分的区块数量
动画 (Animation)	Animation 模式可设置为 Whole Sheet 或 Single Row_(即精灵图集的每一行代表一个单独的动画序列) Time Mode：选择粒子系统如何在动画中对帧进行采样 Lifetime：在粒子的生命周期内使用动画曲线对帧进行采样 Speed：根据粒子的速度对帧进行采样。速度范围指定选择帧的最小和最大速度范围 FPS：根据指定的每秒帧数值对帧进行采样 Row Mode：使粒子系统从纹理帧中选择一行以生成动画。仅当 Animation 模式设置为 Single Row 时，此属性才可用
Custom	将纹理帧的特定行用于动画

续表

参数名	含　义
Random	为每个粒子随机选择一行来生成动画
Mesh Index	根据分配给粒子的网格索引（Mesh Index）选择一行。需要确保使用特定网格的粒子也要使用相同的纹理时，此功能很有用
Random Row	随机从精灵图集选择一行以生成动画。仅当 Animation 模式设置为“Single Row”时，此选项才可用
Row	从精灵图集选择特定行以生成动画。仅当选择“Single Row”模式且禁用“Random Row”时，此选项才可用
Frame over Time	通过一条曲线指定动画帧随着时间的推移如何增加
Start Frame	允许指定粒子动画应从哪个帧开始（对于在每个粒子上随机定向动画非常有用）
Cycles	动画序列在粒子生命周期内重复的次数
Affected UV Channels	允许具体指定粒子系统影响的 UV 流

Sprite 模式属性参数名及含义如表 4-6 所示。

表 4-6　Sprite 模式属性参数名及含义

参数名	含　义
Mode	弹出菜单，选择 Sprite 模式
Frame over Time	通过一条曲线指定动画帧随着时间的推移如何增加
Start Frame	允许指定粒子动画应从哪个帧开始（对于在每个粒子上随机定向动画非常有用）
Cycles	动画序列在粒子生命周期内重复的次数
Enabled UV Channels	允许具体指定粒子系统影响的 UV 流

（8）Randerer（粒子渲染器模块）。该模块显示了粒子系统渲染相关的属性，即使该模块被添加或移除，也不影响粒子其他属性，如图 4-14 所示。

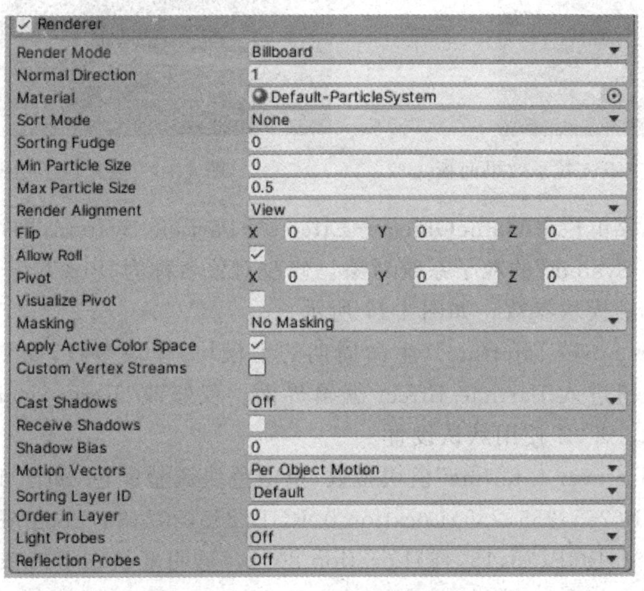

图 4-14　Randerer 模块

Render Mode 模式参数名及含义如表 4-7 所示。

表 4-7　Randerer 参数名及含义

参数名	含　义
Render Mode	渲染模式共有 5 种 Billboard Mode：普通广告牌模式。粒子永远面向摄像机。适用于表示从任何方向(如天空中的云)看起来都相同的粒子 Horizontal Billboard：水平广告牌模式。让粒子沿着 Y 轴对齐，面朝 Y 轴方向 Vertical Billboard：垂直广告牌。模式保持每个粒子直立和垂直于 XZ 平面 Stretched Billboard：拉伸广告牌，粒子通过下面的属性进行伸缩 Mesh：网格根据网格形成广告牌
Material	用于渲染粒子的材质

4) Particle Effect 粒子效果面板

单击 Play 按钮进行粒子的播放，单击 Restart 按钮进行粒子的重新播放，单击 Stop 按钮停止当前粒子播放。PlaybackSpeed 标签为粒子的回放速度，PlaybackTime 标签为粒子的回放时间。如图 4-15 所示。

5) 制作烛光粒子特效

(1) 新建场景，创建“Texture”文件夹，用于放置图片资源。导入的图片资源如图 4-16 所示。

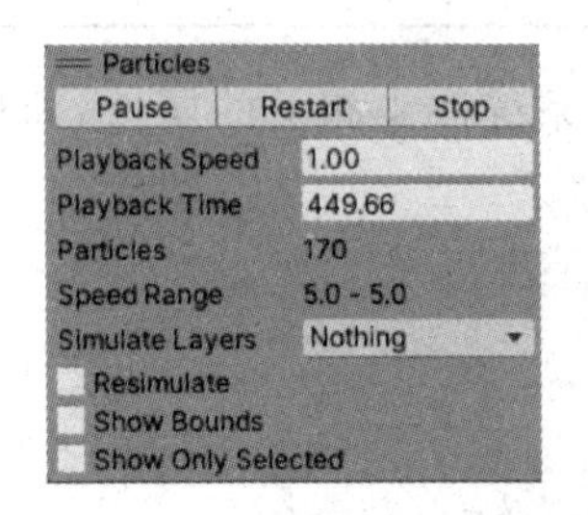

图 4-15　Particle Effect 粒子效果面板

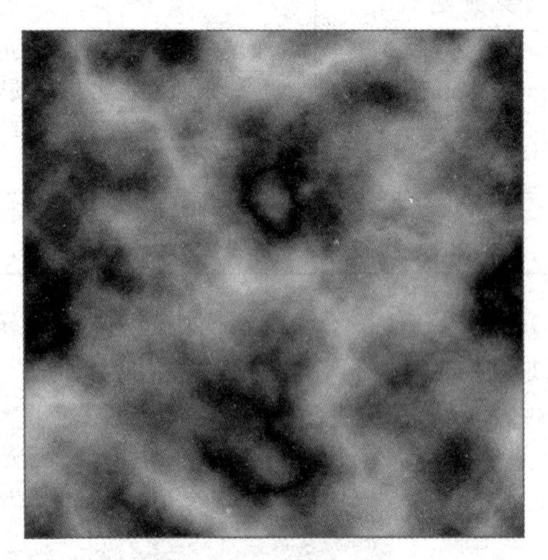

图 4-16　烛光粒子贴图

(2) 依次选择菜单栏中 GameObject→Effects→Particle System，即可在场景中创建一个名称为“Particle System”的粒子系统对象。修改对象名称为“Fire”。

(3) 修改 Initial 模块参数。如图 4-17 所示。

(4) 修改“Force over Lifetime”(生命周期的力模块)模块参数，如图 4-18 所示。单击右上角“Editor”按钮进入 Particle Effect 编辑界面。仅修改“Force over Lifetime”Y 轴曲线，如图 4-19 所示。X、Z 使用默认设置。

(5) 修改“Color over Lifetime”模块参数，单击色块调整颜色，如图 4-20 所示。颜色从左至右分别为 RGB(255,255,255)Location 0、RGB(255,202,83)Location 30%、RGB(156,41,0)Location 60%、RGB(73,15,15)Location 80%。透明度从左至右依次为 Alpha 100% Location 0、Alpha 100% Location 70%、Alpha 0 Location 100%。

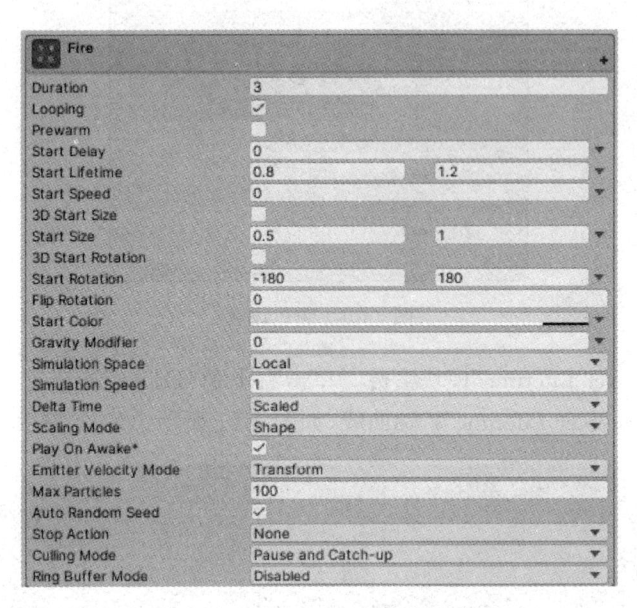

图 4-17　烛光粒子初始化模块参数

图 4-18　Force over Lifetime 模块属性设置

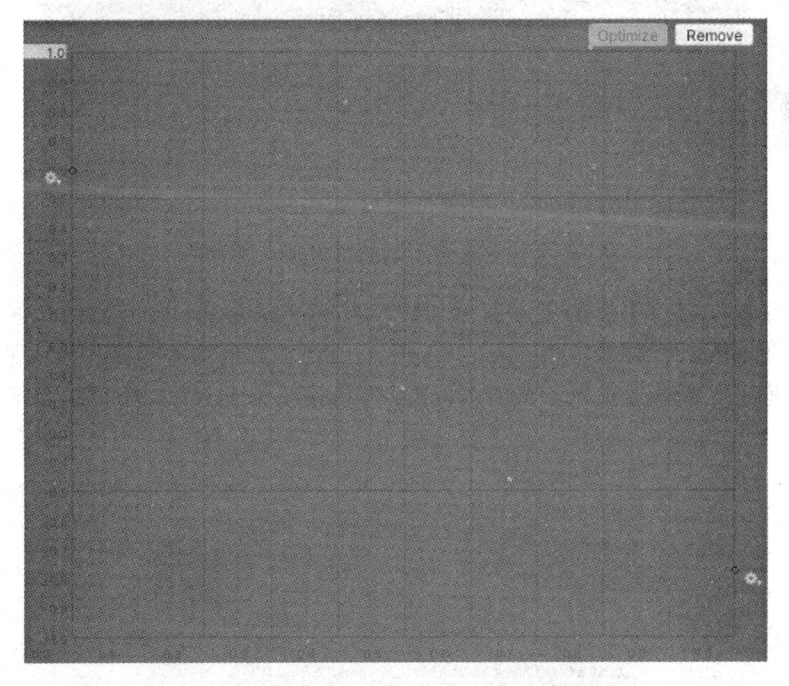

图 4-19　调整 Force over Lifetime Y 轴曲线

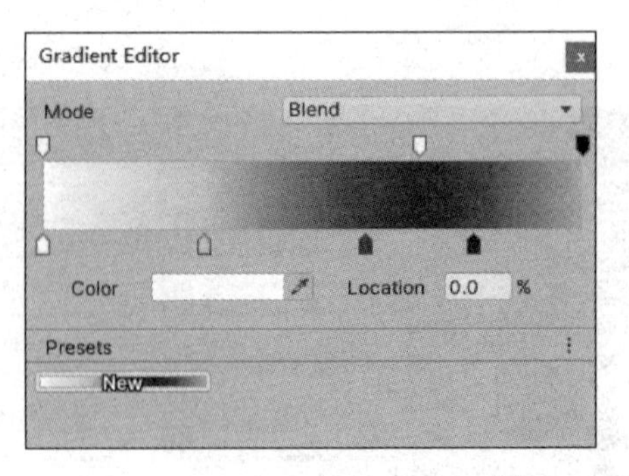

图 4-20 颜色设置

（6）修改“Size over Lifetime”模块参数。单击右上角“Editor”按钮进入“Particle Effect”编辑界面。仅修改“Size over Lifetime”Y 轴曲线，如图 4-21 所示。X、Z 使用默认设置。

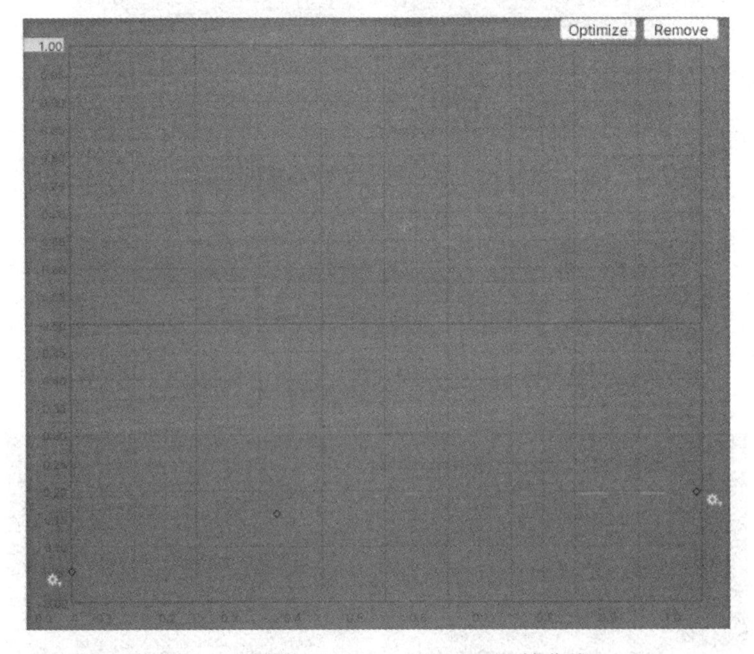

图 4-21 调整 Size over Lifetime Y 轴曲线

（7）在 Project 窗口中单击鼠标右键，选择 Create→Material 创建材质，修改材质名称为 Fire，修改 Shader 为 Mobile/Particles/Additive，将本案例第一步操作导入的纹理贴图对材质进行赋值。如图 4-22 所示。设置 Render 模块材质为 Fire，如图 4-23 所示。

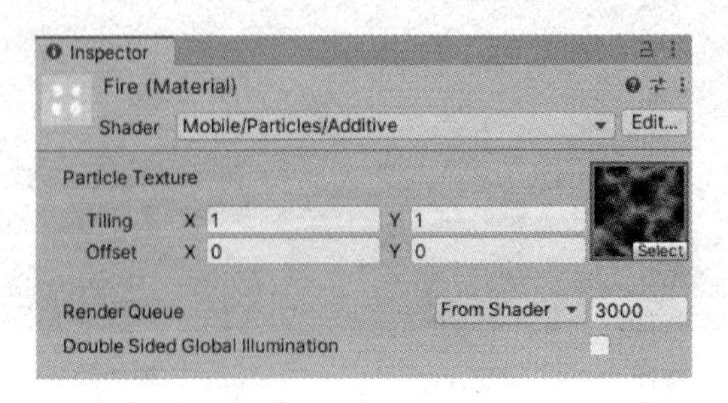

图 4-22 Fire 材质设置

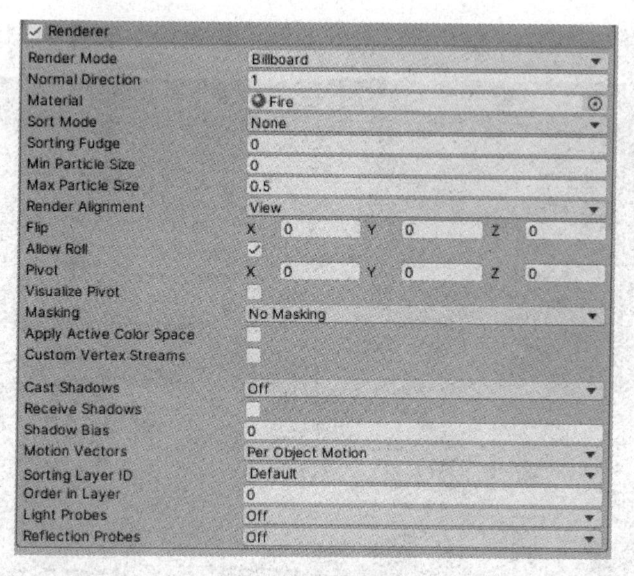

图 4-23　渲染模块属性设置

(8) 修改 Texture Sheet Animation 模块参数。如图 4-24 所示。

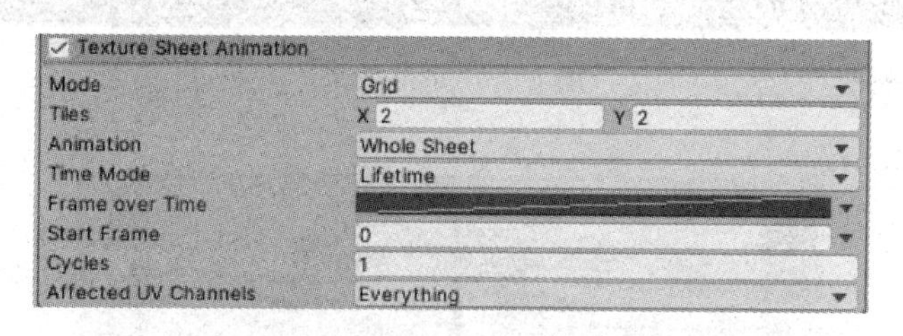

图 4-24　纹理贴图序列帧动画属性设置

(9) 为了更好地观察效果，设置 Main Camera 位置正对 Fire，修改 Main Camera 的 Camera 组件的 ClearFlags 为 Solid Color，设置 Background 为黑色。运行游戏，观看粒子效果，如图 4-25 所示。

2. 动画系统

Unity 提供了一个强大的动画系统，操作比较灵活，能够轻松制作动画，让游戏角色动作更接近真实，这就是动画系统——Mecanim。Mecanim 是 Unity 中比较高级且常用的模块，在游戏项目中有着广泛的应用。

Mecanim 的主要特点如下。

(1) 为人型角色提供简易的工作流和动画创建能力，包含 Avatar 的创建和对肌肉的调节。

(2) 动画重定向，即把动画从一个角色模型的动画应用到另一个角色模型上。

(3) 提供了可视化 Animator 视窗，可以使用状态机的思想，直观地通过 Transition(动画过渡线)管理各个动画间的过渡，对身体不同部位用不同逻辑进行动画控制。

Unity 中模型的 Rig(装置)选项有三种不同的动画类型(Animation Type)，分别是 Legacy、Generic、Humanoid，可以用于指定模型的骨骼类型。如图 4-26 所示。

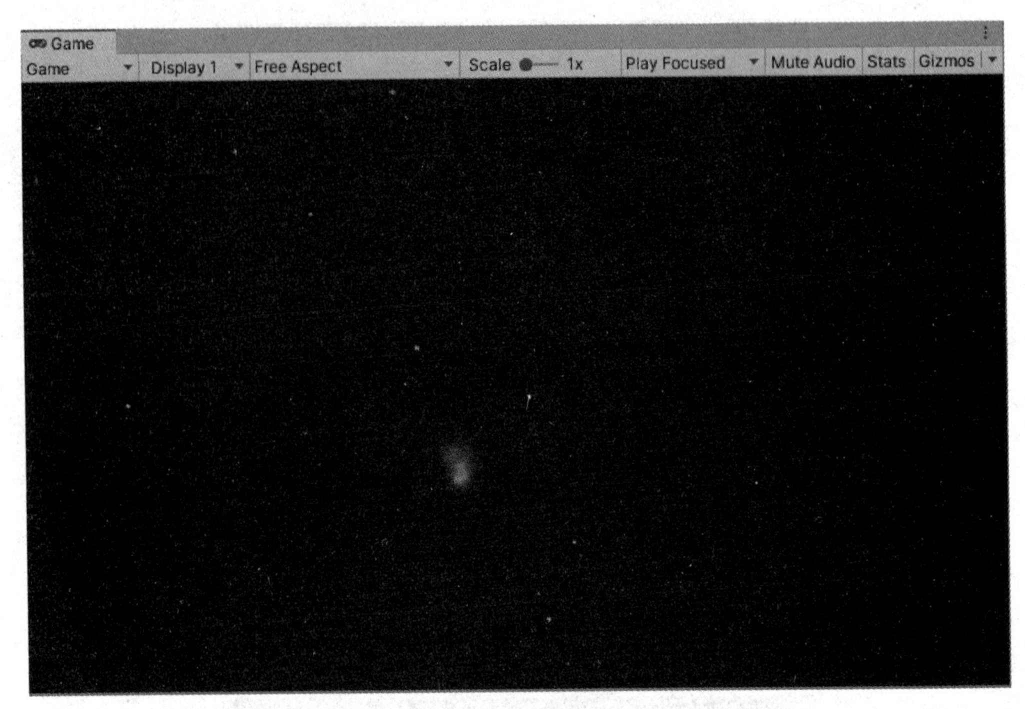

图 4-25 最终效果

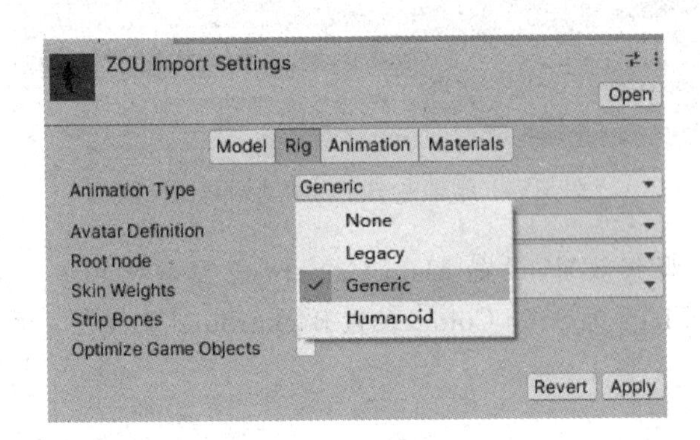

图 4-26 Animation Type

① Legacy：传统动画模式。通过简单的脚本语言来进行动画的播放(如 Play()、Stop())。缺点是角色的动作与动作之间没有混合动作，两个动作之间的切换比较生硬，不自然，不建议使用这种类型的动画。

② Generic：非人物骨架动画(可以是动物)，但不能像 Humanoid 那样重定向动画。

③ Humanoid：人形骨骼动画，可以通过 Mecanim 进行动画的控制，可以重定向。

1) 骨骼结构映射

Avatar 是 Mecanim 动画系统中自带的人形骨骼结构与模型文件中的骨骼结构之间的映射，将带有动画的模型文件资源导入 Unity 3D 后，系统会自动为模型文件生成一个 Avatar 文件作为其子对象，如图 4-27 所示。

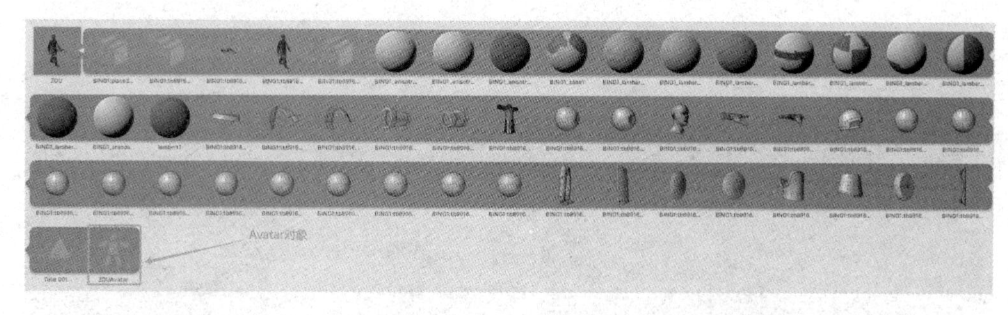

图 4-27　Avatar 对象

(1) Avatar 的配置如下。

① 新建场景,导入资源“people. FBX”。如图 4-28 所示。

② 选中人型角色模型文件,在 Inspector 视口中选择“Rig”选项,如图 4-28 所示。单击“Aimation Type”下拉按钮,选择“Humanoid”选项,然后单击“Apply”按钮。完成后该模型文件已经被设置为人型角色模型,并且系统会为其创建 Avatar 文件。

③ 在 Assets 面板中单击模型文件下子对象 Avatar 文件,然后单击 Inspector 面板中的“Configure Avatar”按钮,如图 4-29 所示。此时系统会关闭原场景窗口,进入 Avatar 的配置窗口。配置窗口是系统开启的一个临时 Scene 视口,并且配置结束后该临时窗口会自动关闭。

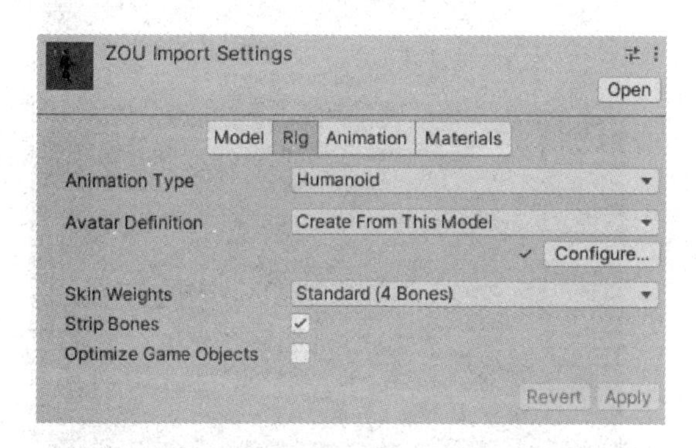

图 4-28　设置 Animation Type 类型为 Humanoid

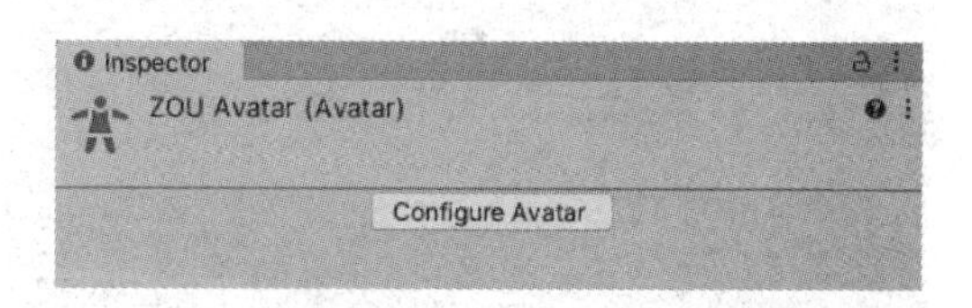

图 4-29　Configure Avatar

④ 配置窗口的 Scene 窗口中会出现导入人物模型的骨骼,如图 4-30 所示。右侧为 Avatar 的 Inspector 面板,配置窗口与平时开发用的 Scene 窗口相同,更改 Inspector 中的参数后也会改变显示在 Scene 视口中的模型。

⑤ 在配置窗口右侧的 Avatar 配置面板中可以按部位对人型角色模型进行配置,此面板中共分为“Body”“Head”“Left Hand”和“Right Hand”四个方面,分别对应四个按钮,如图 4-31 所示。单击不同的按钮会出现不同部位的骨骼配置窗口,并且各个部位的配置互不影响,如图 4-32 所示。

⑥ 通常创建了 Avatar 后 Unity 引擎都会对 Avatar 正确地初始化,但有时如果出于模型文件本身的问题,Unity 引擎无法识别每个部位相应的骨骼,此时错误部位就会呈现红色,如图 4-33 所示。

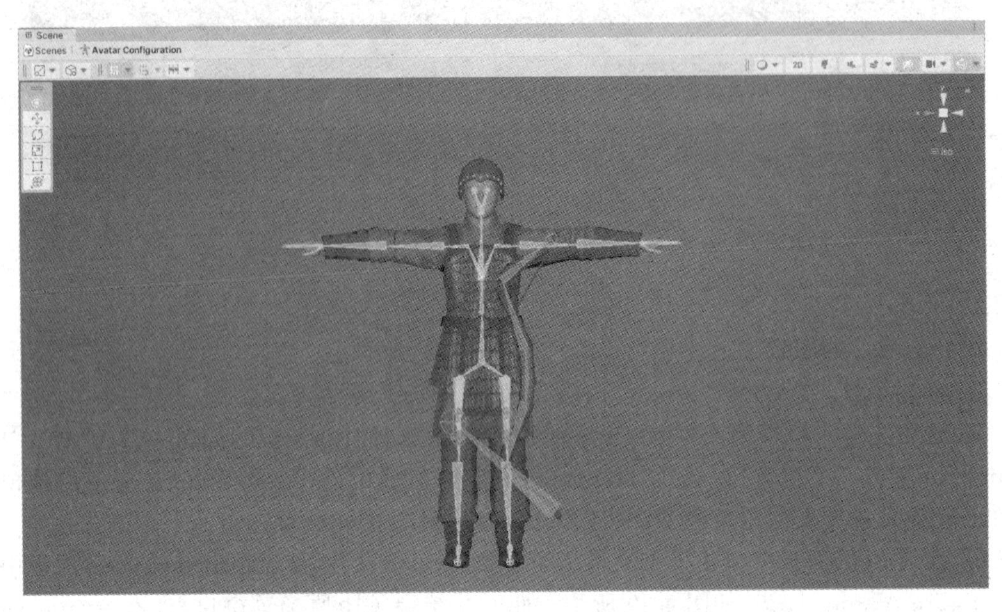

图 4-30　Scene 临时窗口

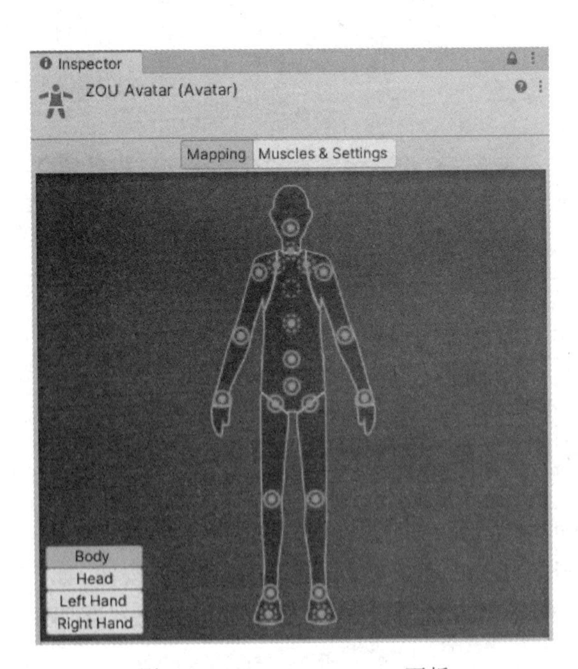

图 4-31　Avatar Inspector 面板

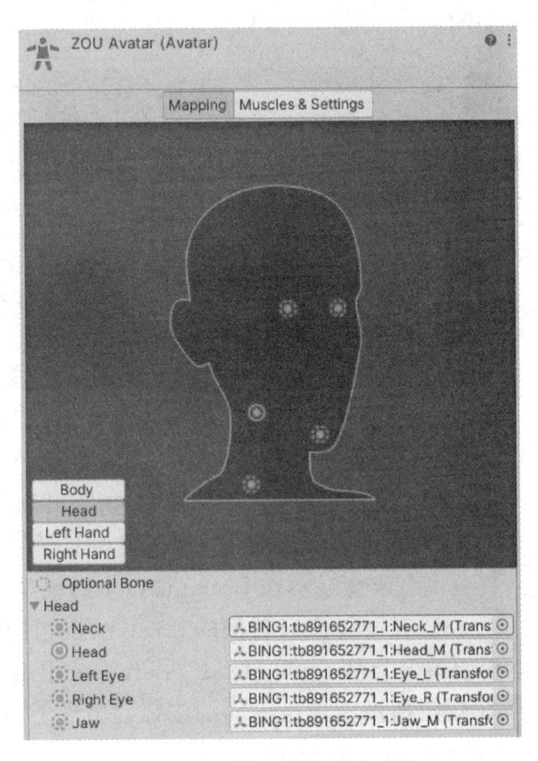

图 4-32　头部骨骼配置面板

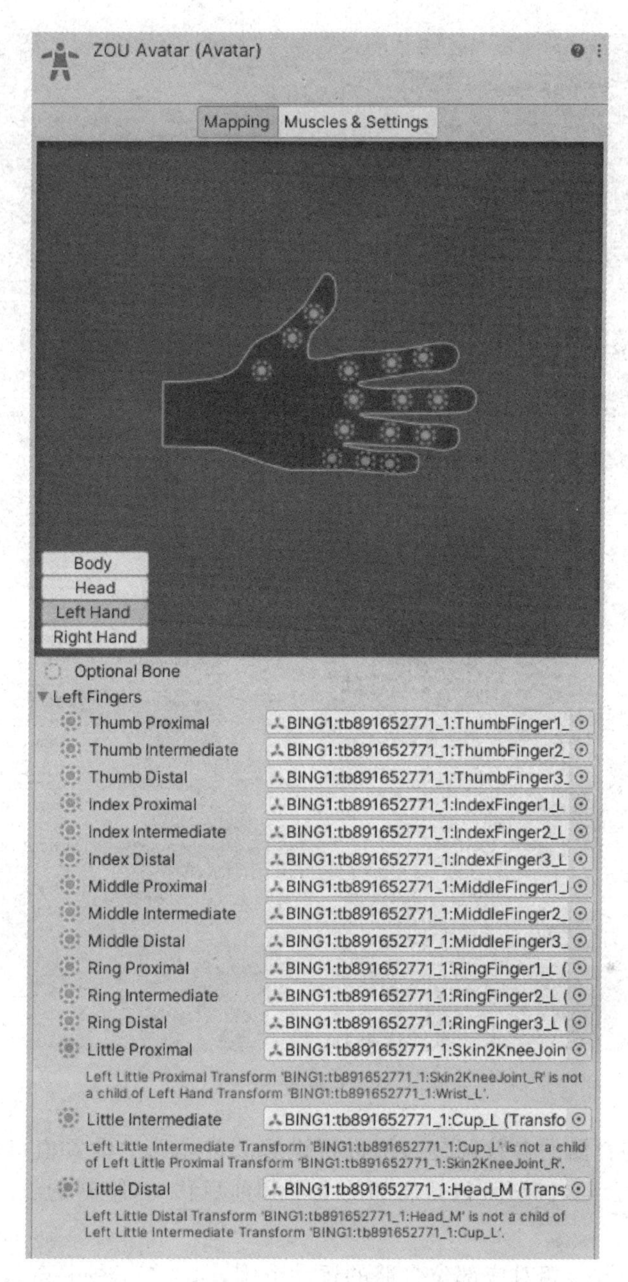

图 4-33　错误部分呈红色

⑦ 出现上述情况，就需要手动更改错误部位的骨骼。首先在 Hierarchy 窗口的骨骼列表中找到正确的骨骼，然后将正确的骨骼拖拽到 Inspector 视图中该骨骼对应的位置上，拖拽到正确的位置后，错误的红色位置会变回绿色，此时 Avatar 完成配置（图 4-34）。

（2）Muscle 的配置。Avatar 中的 Muscle 参数用来限制角色模型各个部位的运动范围，防止某些骨骼运动范围超过合理值。

① 单击 Avatar 窗口中的 Muscles 按钮进入 Muscle 的配置窗口。该窗口和刚刚建立的骨骼配置窗口类似，由预览窗口、设置窗口及附加配置窗口三部分组成。

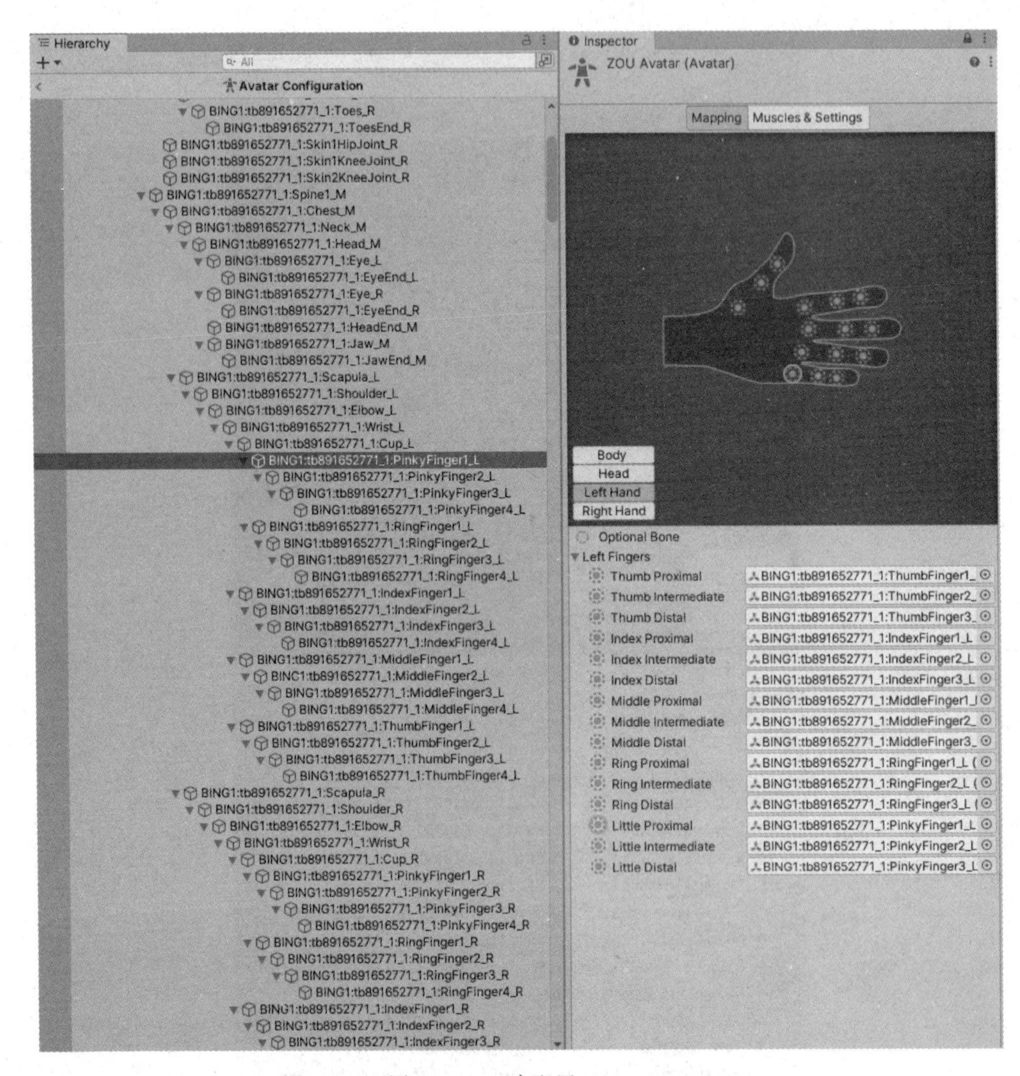

图 4-34 正确配置 Avatar

② 以左胳膊的骨骼的参数调节为例进行讲解。首先选中设置窗口中 Left Arm 参数，其自带的子参数也会随之展开，包括肩部的上下和前后移动，胳膊的上下、前后移动和转动等（图 4-35）。

③ 调整参数去调节相对应部位骨骼的运动范围，同时在 Scene 窗口中对应的骨骼上会出现一个扇形区域，表示骨骼旋转过的范围。

④ 在下方 Additional Setting 窗口中还可以进行其他的设置，比如 Upper Arm Twist 参数，读者可以调整其参数对该骨骼的运动范围进行调整，设置完成之后单击配置窗口右下角的“Done”按钮结束 Muscle 的配置（图 4-36）。

⑤ Muscle 参数除了修改夸张的动作以外，还可以对原始动画进行修改，比如原始动画是一个边行走边摆手的动作，而开发需求仅需要摆手的动作，便可以通过限制腿部的动作，只允许手部运动，实现摆手动作。

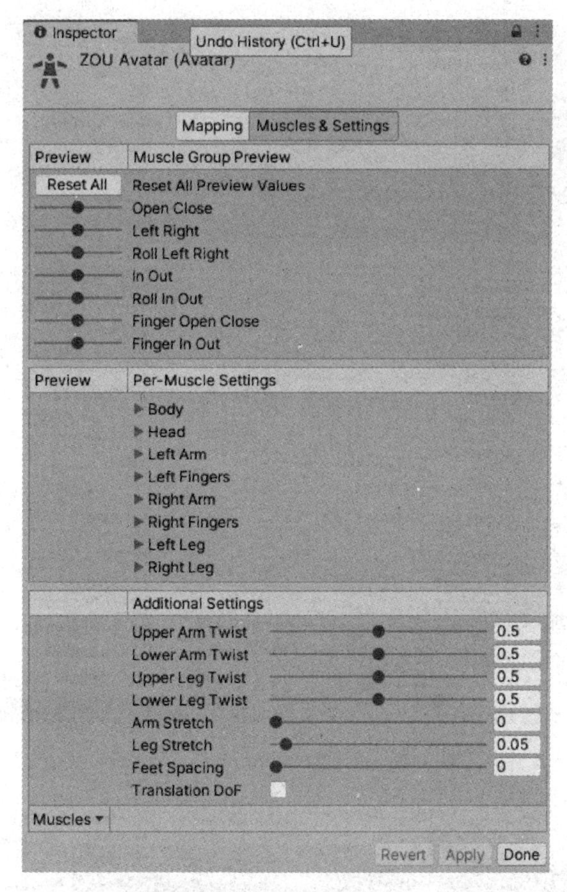

图 4-35　Muscle 配置窗口

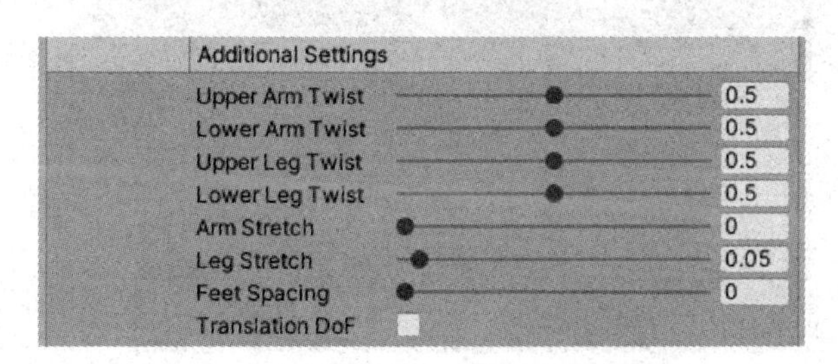

图 4-36　Additional Setting 窗口设置

2）动画控制器

（1）动画控制器的创建。在 Assets 面板中单击鼠标右键 Create→Animator Controller，创建一个动画控制器，如图 4-37 所示。

（2）动画状态机和动画过渡条件。每一个动画控制器中的状态机会有不同的颜色，每一个动画状态机都对应一个动作。每一个动画状态机都会默认含有 Any State、Entry、Exit 3 种动画状态。其中只有一个黄色的节点代表默认状态，其余为灰色。

动画控制器的显示和修改在独立的动画编辑界面进行，双击该动画控制器，进入动画控制器编辑窗口，如图 4-38 所示。

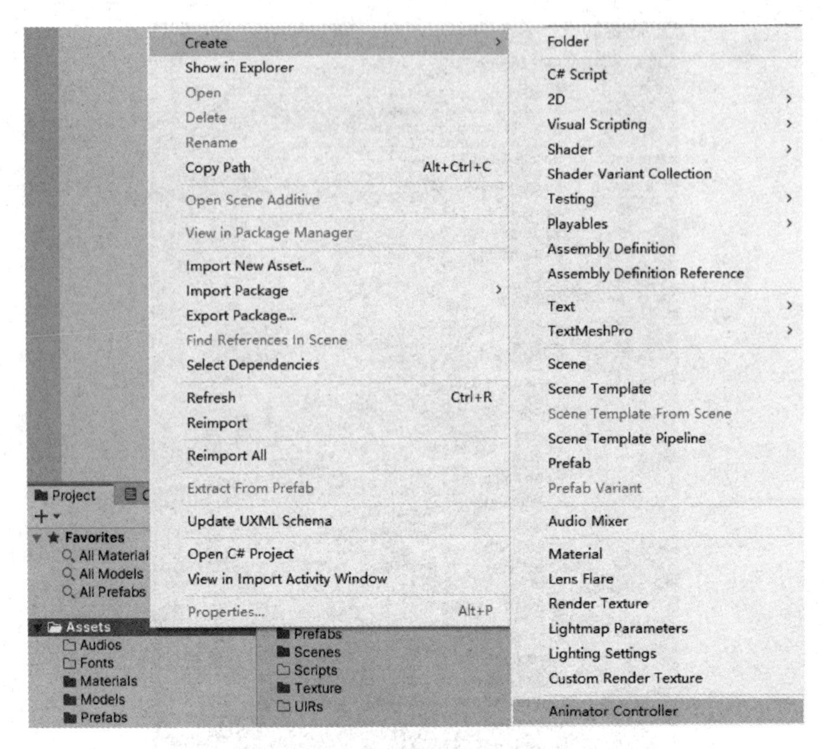

图 4-37 创建 Animator Controller

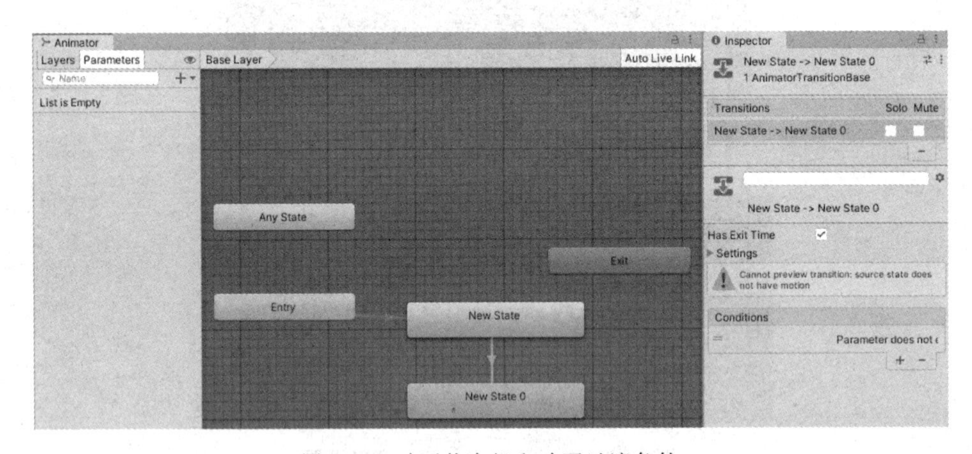

图 4-38 动画状态机和动画过渡条件

3）动画重定向

Mecanim 动画系统提供了一套简化的人形角色骨骼架构。简单来说，Avatar 文件就是模型骨骼架构与系统自带骨骼架构间的桥梁，重定向的模型骨骼架构都要通过 Avatar 与自带骨骼架构搭建映射。

映射后的模型骨骼可能通过 Avatar 驱动系统自带骨骼运动，这样就会产生一套通用的骨骼动画，其他角色模型只需要借助这套通用的骨骼动画，就可以做出与原模型相同的动作，即实现角色动画的重定向。通过这项技术的运用，可以极大地减少开发者的工作量及项目文件和安装包的大小。

综上，动画重定向的作用就是让一个原本没有动画、没有状态机的模型使用其他已经创建好的模型的动画 Animation Clip 和状态机 AnimationController，达到和参考模型相同的动画效果。

本章知识结构

本章知识结构如图 4-39 所示。

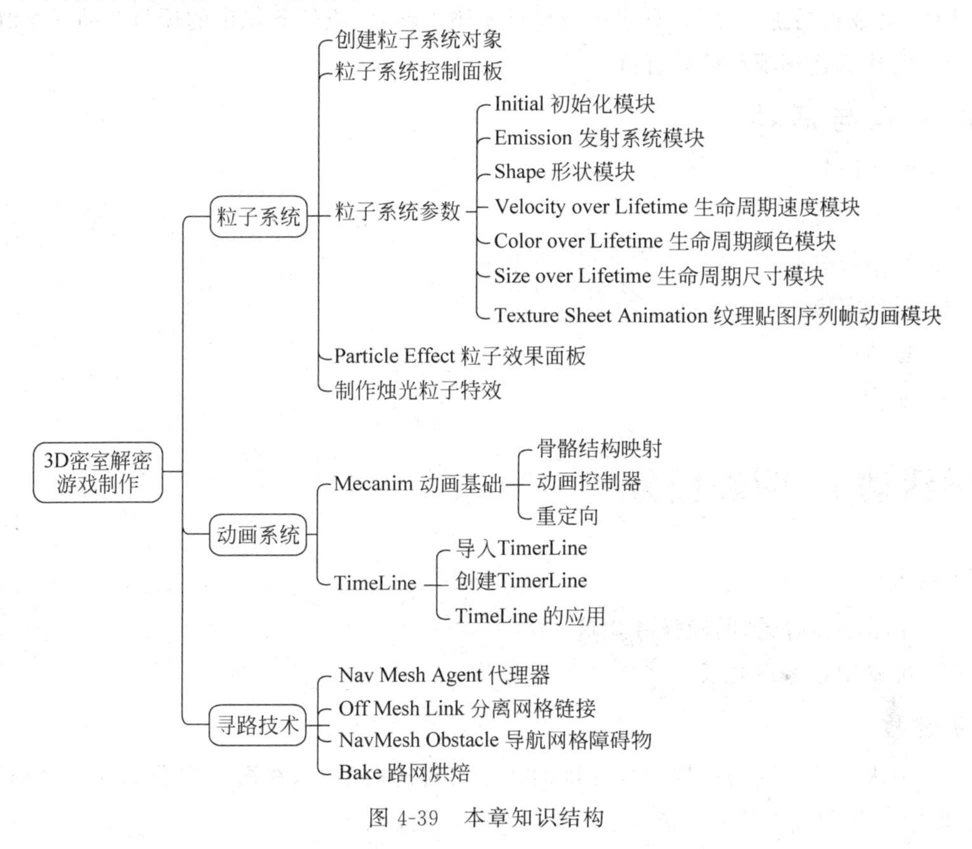

图 4-39 本章知识结构

完成本学习任务后，学生应当能够：

（1）掌握 Unity 引擎的粒子系统常用组件的使用；

（2）能根据用户的需求、策划的设计，能准确把控游戏开发进程的时间与节奏；

（3）能通过程序实现本游戏的核心逻辑；

（4）掌握 Unity 引擎中粒子系统、寻路技术中常用的 API；

（5）设置场景光照效果；

（6）能够熟练 UI 的拖拽等交互方法；

（7）掌握在 3D 游戏中融入 2D 游戏，完成 2D 拼图游戏；

（8）以《3D 密室解密》为任务，完成 3D 游戏制作的工作任务。

建议学时

12 学时。

工作情景描述

某游戏公司正在开发一款 PC 端密室解密、密室逃脱类游戏，需要根据美工所给的 UI 素材与用户需求在 2 天内制作一款 XXX 风格的 3D 密室解密类游戏并完成交付工作。请同学们分小组接受该任务，对任务进行深入分析解读，明确任务制作过程及最终要完成的内容、效果和质量要求，明确任务的主题与方向，制订工作计划，制定完成 3D 密室解密游戏开发制作工作任务所需的时间和工作步骤流程。整理相关素材资料，熟悉游戏玩法，合理编写代码、美观布局游戏界面，有序进行设计实施工作，完成任务规定的项目产品——3D 密室解密。完成后达到项目验收标准。

工作流程与活动

(1) 明确任务；

(2) 任务准备；

(3) 计划与决策；

(4) 任务实施；

(5) 总结；

(6) 评价。

教学活动 1：明确任务

学习目标

(1) 了解项目背景，明确任务要求。

(2) 准确记录客户要求。

学习过程

(1) 需求分析。这是一款十分好玩的密室解谜逃脱游戏，在游戏中我们在一个国风风格的建筑中，如何找寻线索逃离这里，成了你唯一的念头。

结合工作情景和客户提供的效果图，填写客户需求明细表 4-8。

表 4-8 客户需求明细表（注意功能需求）

一、项目基本信息	
客户单位	
项目名称	
项目周期	
二、项目需求描述	
项目概述	
资源情况	
特殊要求	

（2）结合客户提供的效果图，设计迷宫场景，在下方方框中写出项目的制作思路，确认整个项目所需要用到的引擎功能。

（3）根据游戏情况对游戏内容关键内容截取效果图。

（4）通过整理用户需求及技术要求，在下方写出游戏玩法的流程图。

（5）根据任务要求，在完成任务后，需要提交给客户的成果都包含哪些？

教学活动2：任务实施

一、任务准备

学习目标

（1）掌握粒子系统常用组件的使用。

（2）掌握寻路技术中常用的API。

（3）能够熟练使用内置光源设置场景光照效果。

（4）能够熟练UI的拖拽等交互方法。

学习过程

（1）寻路系统中需要用到哪些组件？寻路系统在开发中用来做什么？

(2) Unity 中有几种光源,分别是哪些?每种光源使用的场合是什么?

____

____

____

(3) 如何实现 UI 拖拽功能?(用代码表示)

____

____

____

二、计划与决策

学习目标

(1) 能够根据客户要求,制订合理可行的工作计划。

(2) 在小组人员分工过程中,能够考虑到个人性格特点与个人技能水平。

(3) 能够独立完成 3D 密室解密游戏的制作。

(4) 能够按照有关规范、标准编写代码。

学习过程

(1) 填写任务实施计划表 4-9。

表 4-9 任务实施计划表

日期	完成任务项目内容	计划使用课时数	实际使用课时数	备 注
合 计				

(2) 结合你的小组成员,填写项目小组人员职责分配表 4-10。

表 4-10 项目小组人员职责分配表

项目名称: 项目编号:

序号	成 员 姓 名	项目职责说明	备 注

（3）根据所制订的计划，填写材料清单（表 4-11）。

表 4-11　材料清单

项目	序号	仪器设备名称	规格型号	单位	数量	备注
硬件设备	1					
	2					
	3					
	4					
	5					
软件环境	1					
	2					
	3					
	4					
	5					
素材资源	1					
	2					
	3					
	4					
	5					

三、项目制作

学习目标

（1）能够根据工作计划，正确进行 3D 密室解密游戏制作。

（2）能够通过组间讨论、复查资料等手段解决项目开发过程中出现的问题。

（3）能够在软件出现报错时分析问题原因，解决问题。

（4）项目实施后能按照管理规定清理现场。

学习过程

3D 密室
项目素材包

1）创建项目

（1）根据游戏名称创建项目，以英文 3D SecretRoom 命名，如图 4-40 所示。

（2）在 Assets 文件夹下单击鼠标右键依次选择 Create→Folder，如图 4-41 所示，创建 Audios、Fonts、Prefabs、Scenes、Scripts、UIRes 文件夹用于分类存放脚本、场景、字体、预制体、音频、图片等文件，如图 4-42 所示。

（3）在“Scene”文件夹下单击鼠标右键依次选择 Create→Scene，修改其名称为 Main 用于制作游戏初始界面，创建游戏场景并修改其名称为“Level”用于制作找不同游戏界面，如图 4-43 所示。

（4）素材处理。选择本项目中用到的 2D 迷宫图片素材，鼠标左键单击任意素材后找到 Texture Type 选项设置属性为 Sprite(2D and UI)后单击右下角 Apply 按钮进行应用，将处理好的素材存放到 UIRes 文件夹中，如图 4-44 和图 4-45 所示。

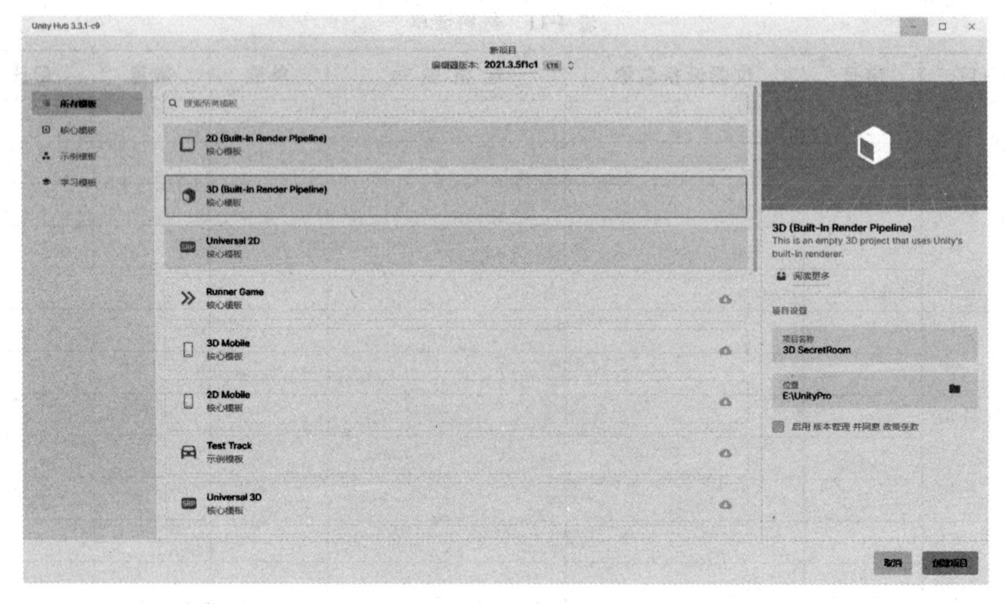

图 4-40　创建项目

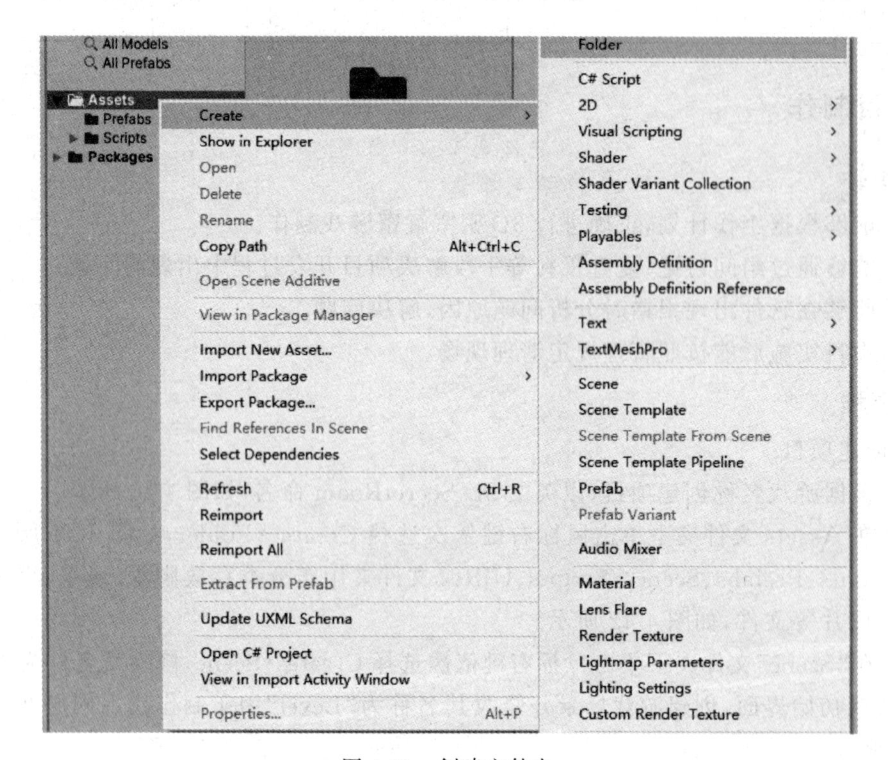

图 4-41　创建文件夹

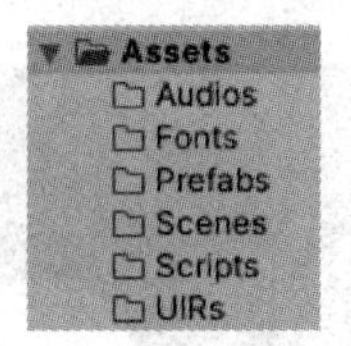

图 4-42 文件目录

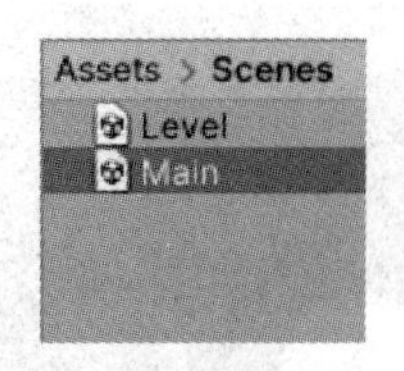

图 4-43 创建场景

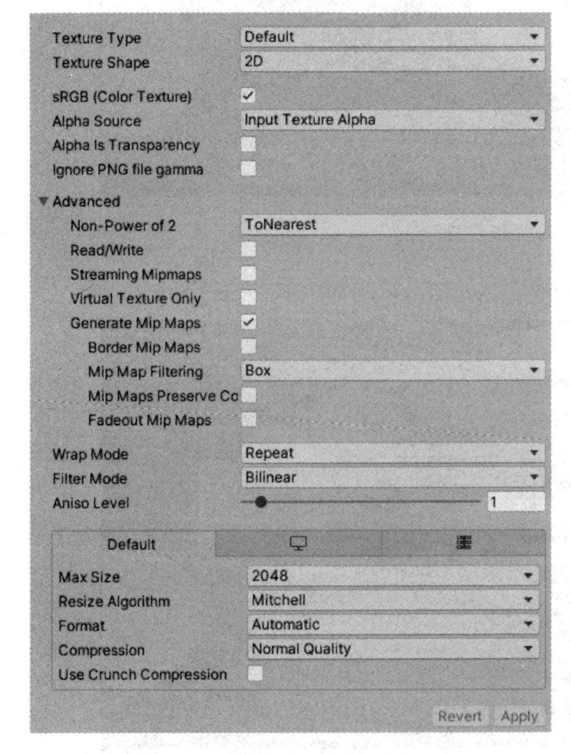

图 4-44 图片导入后默认属性

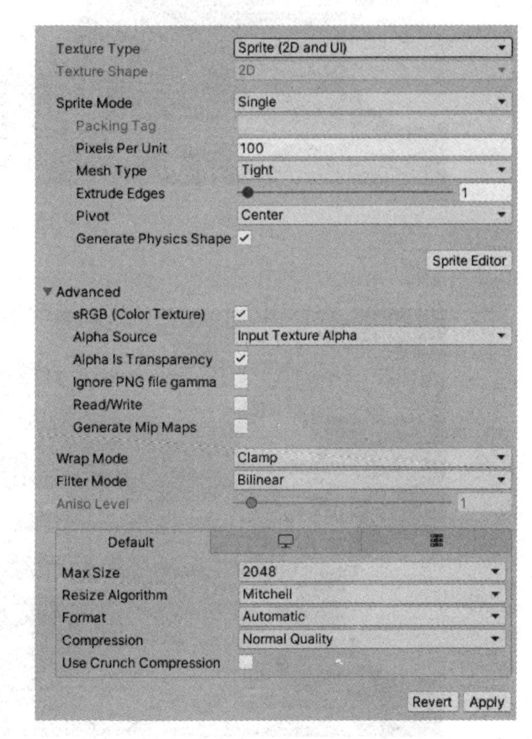

图 4-45 设置图片为 Sprite 类型

2）搭建游戏 UI 界面

（1）根据用户需求、策划文档、游戏主界面图布局游戏开始界面，在场景中创建 Canvas 对象并在其下创建子物体 Image，修改子物体名称为 BackGround，从 UIRes 文件夹找到背景图素材并完成赋值，如图 4-46 所示。

（2）根据用户需求设计游戏登录界面，添加输入框、复选框、按钮组件，并按图 4-47 所示进行放置。

（3）搭建设置界面并在合适位置添加按钮对象、滑动条对象、复选框对象、按钮图标，如图 4-48 所示。

（4）搭建游戏加载进度条，如图 4-49 所示，添加滑动条，并在进度条上方添加文本框同时添加文字“加载中，请稍等”。

（5）搭建存档检测界面，创建图像、文本框及按钮组件，搭建效果如图 4-50 所示。

图 4-46 游戏背景界面

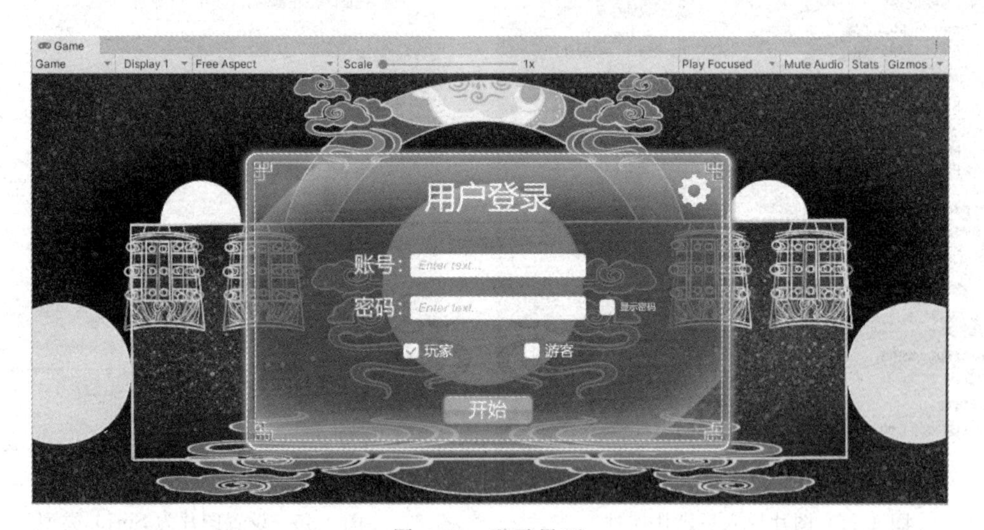

图 4-47 登录界面

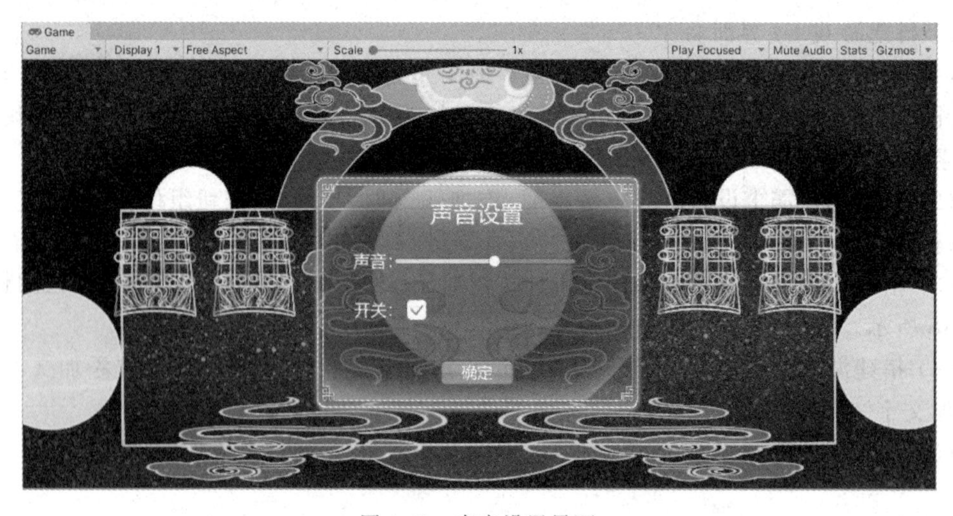

图 4-48 声音设置界面

图 4-49　游戏加载界面

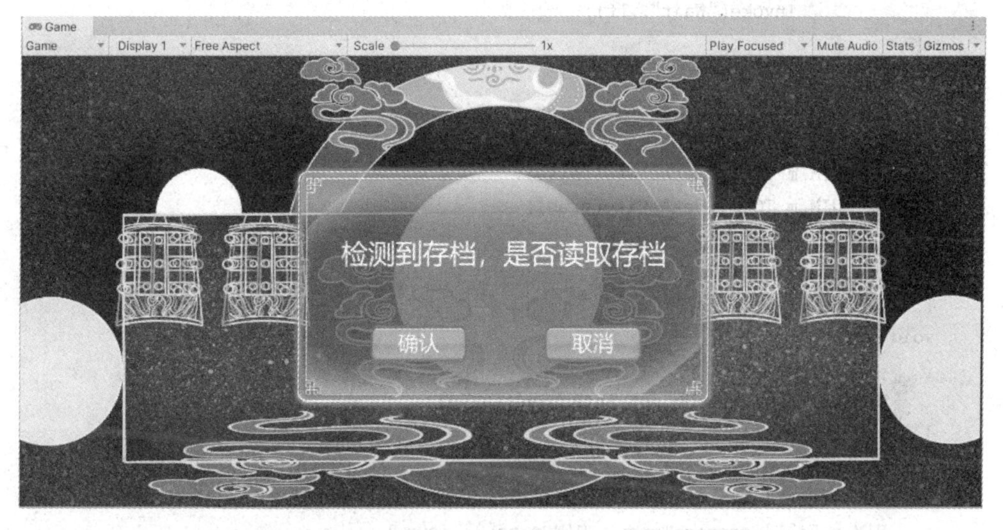

图 4-50　存档界面

（6）编写脚本控制登录界面交互，自定义账号为 abc，密码 123。

3D 密室
UI 界面搭建

```
using System.Collections;
using System.Collections.Generic;
using UnityEngine;
using UnityEngine.UI;

public class ButtonPlay : MonoBehaviour
{
  public void Button1()
    {
        if(UIM.m.to[0].isOn)
        {
            if (UIM.m.Fi[0].text == "abc" && UIM.m.Fi[1].text == "123")
```

```
            {
                UIM.m.TC[0].SetActive(false);
                if (UIM.isPath)
                {
                    UIM.m.Load.SetActive(true);
                }
                else
                {
                   UIM.m. loading = true;
                    UIM.m.TC[2].SetActive(true);
                }
            }
            else
            {
                UIM.m.Fi[0].text = "";
                UIM.m.Fi[1].text = "";
                UIM.m.Fi[0].Select();
                UIM.m.TxT[4].gameObject.SetActive(true);
                Invoke("Wait", 1f);
            }
        }
        else if(UIM.m.to[1].isOn)
        {
            UIM.m.TC[0].SetActive(false);
            UIM.m.TC[2].SetActive(true);
            UIM.m.loading = true;
        }
    }
    void Wait()
    {
        UIM.m.TxT[4].gameObject.SetActive(false);
    }
    public void Toggle1()
    {
        UIM.m.Fi[1].contentType = UIM.m.to[2].isOn ?
        InputField.ContentType.Standard : InputField.ContentType.Password;
    }

    public void Slider()
    {
       UIM.m.TxT[2].text = (UIM.m.Slider.value * 100).ToString("F2") + "%";
    }
}
```

3D 密室
用户登录

(7) 界面管理,游戏进度加载功能实现。

```
using System.Collections;
using System.Collections.Generic;
using UnityEngine;
using UnityEngine.UI;
using UnityEngine.SceneManagement;
```

```
using System.IO;

public class UIM : MonoBehaviour
{
    public static UIM m;
    public Image[] im;
    public Toggle[] to;
    public Text[] TxT;
    public InputField[] Fi;
    public GameObject[] TC;
    public Slider Slider;
    public bool loading;
    public static bool isPath;
    public GameObject Load;
    bool ison;
    public static bool Player;
    void Start()
    {
        string Path = Application.streamingAssetsPath + "/1.xml";
        isPath = ( File.Exists(Path));
    }
    private void Awake()
    {
        m = this;
    }
    // Update is called once per frame
    void Update()
    {
        if (!isPath || to[1].isOn || ison)
        {
            Player = to[0].isOn;
            if (loading) Slider.value += Time.deltaTime / 2;
            if (Slider.value == 1)
            {
                TxT[2].text = "100%";
                TxT[3].text = "按任意键进入游戏";
                if (Input.anyKeyDown)
                {
                    SceneManager.LoadScene(1);
                }
            }
        }
    }
    public void Button1()
    {
        isPath = false;
        loading = true;
        TC[2].SetActive(true);
    }
    public void Button2()
    {
```

```
            ison = true;
            loading = true;
            TC[2].SetActive(true);
        }
    }
```

3D 密室读取存储数据

3）搭建游戏场景

如图 4-51 和图 4-52 所示，依据所提供的素材包搭建游戏场景。

图 4-51　游戏场景卧室效果

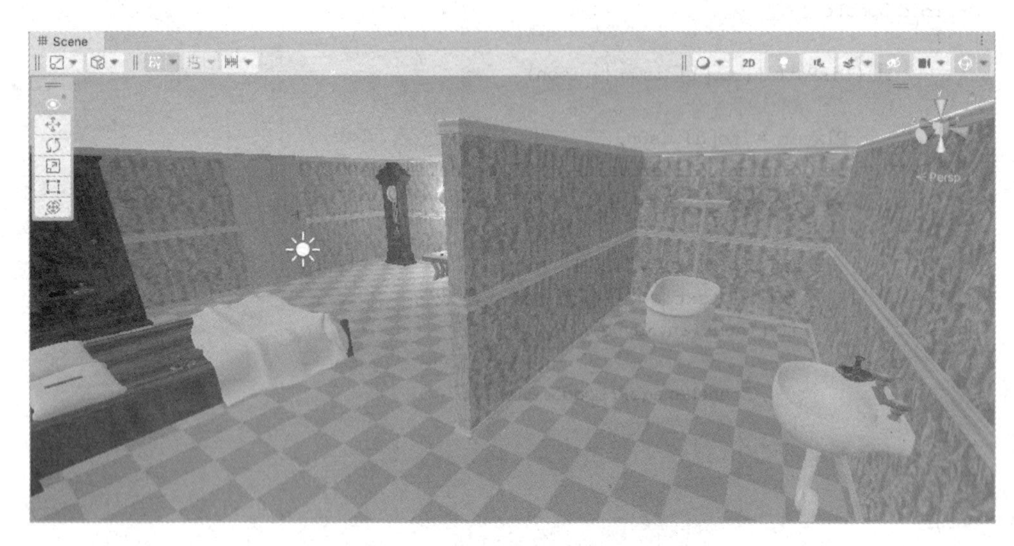

图 4-52　游戏场景洗浴间效果

4）使用 XML 技术进行存档与读档

在 Unity 工程中 Assets 目录下创建 StreamingAssets 文件夹，在此处存放 XML 文件，创建“1. xml”文件，并使用记事本打开此文件，在其中编写以下内容：

```
<?xml version = "1.0" encoding = "UTF - 8"?>
```

```
<MSTT>
  <Deng t1 = "null" t2 = "null" t3 = "null" t4 = "null" />
  <Key t1 = "null" t2 = "null" t3 = "null" t4 = "null" />
  <Itme t1 = "1" t2 = "60" />
  <t t1 = "6.517429" />
  <I t1 = "7" />
  <Game t1 = "False" />
  <Get t1 = "True" />
  <PlayerPosition t1 = "49.7" t2 = "1.86" t3 = "51.484" />
  <PlayerRotetion t1 = "0" t2 = "0" t3 = "0" />
</MSTT>
```

编写脚本存放游戏数据,代码如下所示:

```
using System.Collections;
using System.Collections.Generic;
using UnityEngine;
using System.Xml;
using System.IO;
using System;

public class Saveing : MonoBehaviour
{
    public static Saveing save;
    public bool[] Deng = new bool[4];
    public bool[] key = new bool[4];
    public int[] item = new int[2];
    public bool GameStart;
    public bool GetShoudian;
    public float T;
    public int LLL;
    public Vector3 PlayerPosition;
    public Vector3 PlayerRotetion;
    private void Awake()
    {
        save = this;
    }
    public void saveing()
    {
        for (int i = 0; i < M.m.Dengbool.Length; i++)
        {
            Deng[i] = M.m.Dengbool[i];
        }
        for (int i = 0; i < M.m.keybool.Length; i++)
        {
            key[i] = M.m.keybool[i];
        }
        item[0] = M.m.ShuoChai;
        item[1] = M.m.DianLiang;
        T = M.m.t;
        GameStart = M.m.GameStart;
```

```
        GetShoudian = M.m.GetShouDian;
        LLL = M.m.i;
        PlayerPosition = M.m.camera.transform.position;
        PlayerRotetion = M.m.SXJ.transform.localEulerAngles;
    }
    public void Load()
    {
        string path = Application.streamingAssetsPath + "/1.xml";
        XmlDocument doc = new XmlDocument();
        doc.Load(path);
        XmlNodeList nodeList = doc.SelectSingleNode("MSTT").ChildNodes;
        foreach (XmlElement xe in nodeList)
        {//遍历所有子节点
            if (xe.Name == "Deng")
            {
                if (xe.GetAttribute("t1") != "null")
                M.m.Deng[0].transform.GetChild(0).gameObject.SetActive(true);
                else
                M.m.Deng[0].transform.GetChild(0).gameObject.SetActive(false);
                if (xe.GetAttribute("t2") != "null")
                M.m.Deng[1].transform.GetChild(0).gameObject.SetActive(true);
                else
                M.m.Deng[1].transform.GetChild(0).gameObject.SetActive(false);
                if (xe.GetAttribute("t3") != "null")
                M.m.Deng[2].transform.GetChild(0).gameObject.SetActive(true);
                else
                M.m.Deng[2].transform.GetChild(0).gameObject.SetActive(false);
                if (xe.GetAttribute("t4") != "null")
                M.m.Deng[3].transform.GetChild(0).gameObject.SetActive(true);
                else
                M.m.Deng[3].transform.GetChild(0).gameObject.SetActive(false);
            }
            if (xe Name == "Key")
            {
                if (xe.GetAttribute("t1") != "null")
                M.m.key[0].SetActive(false);
                else
                M.m.key[0].SetActive(true);
                if (xe.GetAttribute("t2") != "null")
                M.m.key[1].SetActive(false);
                else
                M.m.key[1].SetActive(true);
                if (xe.GetAttribute("t3") != "null")
                M.m.key[2].SetActive(false);
                else
                M.m.key[2].SetActive(true);
                if (xe.GetAttribute("t4") != "null")
                M.m.key[3].SetActive(false);
                else
                M.m.key[3].SetActive(true);
            }
```

```
            if (xe.Name == "Itme")
            {
                M.m.ShuoChai = int.Parse( xe.GetAttribute("t1"));
                M.m.Item[0].text = "火柴:" + M.m.ShuoChai;
                M.m.DianLiang = int.Parse(xe.GetAttribute("t2"));
                M.m. Item[1].text = "手电筒电量:" + M.m.DianLiang;
            }
            if (xe.Name == "t")
            {
                M.m.t = float.Parse(xe.GetAttribute("t1"));
            }
            if (xe.Name == "I")
            {
                if (int.Parse(xe.GetAttribute("t1")) >= 4) M.m.i = 4;
                else M.m.i = int.Parse(xe.GetAttribute("t1"));
            }
            if (xe.Name == "Game")
            {
                M.m.GameStart = bool.Parse(xe.GetAttribute("t1"));
            }
            if (xe.Name == "Get")
            {
                M.m.GetShouDian = bool.Parse(xe.GetAttribute("t1"));
            }
            if (xe.Name == "PlayerPosition")
            {
                 M.m.camera.transform.position = new Vector3( float.Parse( xe.GetAttribute
("t1")), float.Parse(xe.GetAttribute("t2")), float.Parse(xe.GetAttribute("t3")));
            }
            if (xe.Name == "PlayerRotetion")
            {
                  //M.m.camera.transform.localEulerAngles = new Vector3(float.Parse(xe.
GetAttribute("t1")), float.Parse(xe.GetAttribute("t2")), float.Parse(xe.GetAttribute
("t3")));
            }
        }
        Debug.Log("读取 XML 成功!" + doc.OuterXml);
    }
    public void Save()
    {
        saveing();
        string Path = Application.streamingAssetsPath + "/1.xml";
        XmlDocument xml = new XmlDocument();

        XmlDeclaration header = xml.CreateXmlDeclaration("1.0", "UTF-8", "");
        xml.AppendChild(header);

        XmlElement root = xml.CreateElement("MSTT");
        xml.AppendChild(root);

        XmlElement deng = xml.CreateElement("Deng");
```

```
for (int i = 1; i <= Deng.Length; i++)
{
    if (Deng[i - 1]) deng.SetAttribute("t" + i.ToString(),"ture");
    else deng.SetAttribute("t" + i.ToString(), "null");
}
root.AppendChild(deng);

XmlElement Key = xml.CreateElement("Key");
for (int i = 1; i <= key.Length; i++)
{
    if (key[i - 1] ) Key.SetAttribute("t" + i.ToString(), "ture");
    else Key.SetAttribute("t" + i.ToString(), "null");
}
root.AppendChild(Key);

XmlElement Itme = xml.CreateElement("Itme");
for (int i = 1; i <= item.Length; i++)
{
    Itme.SetAttribute("t" + i.ToString(), item[i - 1].ToString());
}
root.AppendChild(Itme);

XmlElement t = xml.CreateElement("t");
t.SetAttribute("t1", T.ToString());
root.AppendChild(t);

XmlElement l = xml.CreateElement("I");
l.SetAttribute("t1", LLL.ToString());
root.AppendChild(l);

XmlElement Game = xml.CreateElement("Game");
Game.SetAttribute("t1", GameStart.ToString());
root.AppendChild(Game);

XmlElement Get = xml.CreateElement("Get");
Get.SetAttribute("t1", GetShoudian.ToString());
root.AppendChild(Get);

XmlElement Position = xml.CreateElement("PlayerPosition");
Position.SetAttribute("t1", PlayerPosition.x.ToString());
Position.SetAttribute("t2", PlayerPosition.y.ToString());
Position.SetAttribute("t3", PlayerPosition.z.ToString());
root.AppendChild(Position);

XmlElement Rotetion = xml.CreateElement("PlayerRotetion");
Rotetion.SetAttribute("t1", PlayerRotetion.x.ToString());
Rotetion.SetAttribute("t2", PlayerRotetion.y.ToString());
Rotetion.SetAttribute("t3", PlayerRotetion.z.ToString());
root.AppendChild(Rotetion);

xml.Save(Path);
```

```
            Debug.Log("存储XML成功!" + xml.OuterXml);
        }
    }
```

5）编写手电触发

```
using System.Collections;
using System.Collections.Generic;
using UnityEngine;

public class Trigger : MonoBehaviour
{
    bool i;
    private void OnTriggerEnter(Collider other)
    {
        if (M.m.GameStart)
        {
            if (other.tag == "shoudian")
            {
                other.gameObject.SetActive(false);
                if(UIM.Player) M.m.Set.SetActive(true);
                M.m.GetShouDian = true;
                M.m.Tishi.text = "获得以下道具:火柴、手电筒.";
                M.m.shoudian.SetActive(true);
                M.m.Item[0].text = "火柴:" + M.m.ShuoChai;
                M.m.Item[1].text = "手电筒电量:" + M.m.DianLiang;
                Invoke("Close", 1f);
            }
            if (other.tag == "Deng" && !i)
            {
                i = true;
                M.m.Tishi.text = "我应该找点什么点亮它…";
                Invoke("Close", 1f);
            }
        }
    }
    void Close()
    {
        M.m.Tishi.text = "";
    }
}
```

6）编写游戏管理及核心功能脚本

```
using System.Collections;
using System.Collections.Generic;
using UnityEngine;
using UnityEngine.UI;
using System.IO;
using UnityEngine.SceneManagement;

public class M : MonoBehaviour
{
```

```
public static M m;
public Text text;
public GameObject button;
public GameObject button2;
string WenBen;
string WenBen2;
public GameObject camera;
public GameObject SXJ;
public GameObject Wz;
public GameObject Wz2;
public GameObject Yu;
public bool GameStart;
public RaycastHit hit;
float x, y;
bool l;
bool o;
public GameObject KeyIm;
public GameObject KeyP;
public GameObject shoudian;
public GameObject ShouDianAndHuoChai;
public bool GetShouDian;
public Text Tishi;
public Text[] Item;
public int ShuoChai = 5;
public int DianLiang = 60;
public float t = 30;
public int i;
int j = 0;
public LineRenderer line;
public GameObject[] Deng = new GameObject[4];
public bool[] Dengbool = new bool[4];
public GameObject[] key = new GameObject[4];
public bool[] keybool = new bool[4];

public GameObject Set;
public GameObject Setting;
bool setbool;
static bool isload;
void Start()
{
    if ((UIM.isPath && UIM.Player) || isload)
    {
        Saveing.save.Load();
    }
    line = camera.GetComponent<LineRenderer>();
    hit = new RaycastHit();
    WenBen = text.text;
    WenBen2 = "终于拿到钥匙,可以离开这里.";
    if ((UIM.isPath && UIM.Player) || isload)
    {
        loading();
    }
    else
    {
        StartCoroutine(BoFang());
    }
```

```
    }
    private void Awake()
    {
        m = this;
    }
    // Update is called once per frame
    void Update()
    {
        if (GameStart) move();
        if(GetShouDian && GameStart)
        {
            t-= Time.deltaTime;
            if(t<=0 && DianLiang>0)
            {
                DianLiang -= 10;
                t = 30;
                Item[1].text="手电筒电量:"+DianLiang;
                shoudian.transform.GetChild(0).GetChild(0).GetComponent<Light>().
intensity-=0.5f;
            }
        }
        if (i>= 4 && !o)
        {
            camera.transform.position = Wz2.transform.position;
            camera.transform.rotation = Wz2.transform.rotation;
            SXJ.transform.rotation = Wz2.transform.rotation;
            KeyIm.SetActive(true);
            KeyIm.transform.position = KeyP.transform.position;
            GameStart = false;
            o = true;
        }
        if (i>=8 && !l)
        {
            KeyIm.SetActive(false);
            StartCoroutine(BoFang2());
            l = true;
        }
    }
    void move()
    {
        Ray ray = Camera.main.ScreenPointToRay(Input.mousePosition);

        Physics.Raycast(ray, out hit);
        if (hit.collider != null)
        {
            if (hit.collider.tag == "DiMian" && Input.GetKey(KeyCode.Mouse0))
            {
                line.positionCount = 2;
                line.SetPosition(0, shoudian.transform.position);
                line.SetPosition(1, hit.point);
            }
            else
            {
                line.positionCount = 1;
            }
            if (hit.collider.tag == "DiMian" && Input.GetKeyUp(KeyCode.Mouse0))
```

```
            {
                camera.transform.position = hit.point;
            }
            if (hit.collider.tag == "Key" && Input.GetKeyDown(KeyCode.Mouse0))
            {
                text.gameObject.SetActive(true);
                text.text = "获得钥匙碎片";
                for (int i = 0; i < key.Length; i++)
                {
                    if (key[i] == hit.collider.gameObject) keybool[i] = true;
                }
                hit.collider.gameObject.SetActive(false);
                i++;
                Invoke("Wait",1);
            }
            if (hit.collider.tag == "Deng" && GetShouDian)
            {
                if (Input.GetKeyDown(KeyCode.Mouse0))
                {
                    for (int i = 0; i < Deng.Length; i++)
                    {
                        if(Deng[i] == hit.collider.gameObject) Dengbool[i] = true;
                    }
                    hit.collider.gameObject.transform.GetChild(0).gameObject.SetActive(true);
                    M.m.ShuoChai--;
                    M.m.Item[0].text = "火柴:" + M.m.ShuoChai;
                    hit.collider.gameObject.tag = "Untagged";
                }
            }
            if (Input.GetKey(KeyCode.Space))
            {
                x += Input.GetAxis("Mouse X");
                y += Input.GetAxis("Mouse Y");
                SXJ.transform.localEulerAngles = new Vector3(-y * 3, x);
            }
        }
        shoudian.transform.LookAt(hit.point);
    }
    IEnumerator BoFang()
    {
        for (int i = 0; i < WenBen.Length; i++)
        {
            text.text = WenBen.Substring(0, i);
            text.text += "<color=red>" + WenBen.Substring(i, 1) + "</color>";
            yield return new WaitForSeconds(0.1f);
        }
        text.text = WenBen;
        yield return new WaitForSeconds(3);
        button.SetActive(true);
    }

    IEnumerator BoFang2()
    {
        text.gameObject.SetActive(true);
        for (int i = 0; i < WenBen2.Length; i++)
        {
```

```
            text.text = WenBen2.Substring(0, i);
            text.text += "<color=red>" + WenBen2.Substring(i, 1) + "</color>";
            yield return new WaitForSeconds(0.1f);
        }
        text.text = WenBen2;
        button2.SetActive(true);
    }

    public void Button1()
    {
        GameStart = true;
        camera.transform.position = Wz.transform.position;
        camera.transform.rotation = Wz.transform.rotation;
        Yu.SetActive(false);
        text.text = "";
        text.gameObject.SetActive(false);
        Destroy(button);
    }

    public void Button2()
    {
        SceneManager.LoadScene(0);
    }
    public void Button3()
    {
        Application.Quit();
    }
   void Wait()
    {
        text.text = "";
        text.gameObject.SetActive(false);
    }

    public void set()
    {
        if(!setbool) Setting.SetActive(true);
        else Setting.SetActive(false);
        setbool = !setbool;
    }

    public void Save()
    {
        Saveing.save.Save();
    }
    public void Load()
    {
        SceneManager.LoadScene(1);
        isload = true;
    }
    void loading()
    {
        Set.SetActive(true);
        ShouDianAndHuoChai.SetActive(false);
        shoudian.SetActive(true);
        text.text = "";
        text.gameObject.SetActive(false);
```

```
            isload = false;
        }
    }
```

7）处理钥匙控制

```
using System.Collections;
using System.Collections.Generic;
using UnityEngine;

public class KeyCtl : MonoBehaviour
{
    float x, y;
    void Update()
    {
    }
    private void OnMouseDrag()
    {
        x += Input.GetAxis("Mouse X");
        y += Input.GetAxis("Mouse Y");
        transform.localEulerAngles = new Vector3(-y, -x);
    }
}
```

8）项目发布与调试

（1）在编辑器状态下运行游戏，检查是否有代码报错、镜头位置偏差、UI 布局不合理、素材效果不准确等情况，修改项目完成编辑器内调试工作。

（2）检查无误后单击 File 文件菜单，选择 BuildSetting 选项，添加要发布的场景，选择发布平台，单击 Build 按钮将程序发布在桌面上。

（3）运行游戏，运行效果如图 4-53 所示。

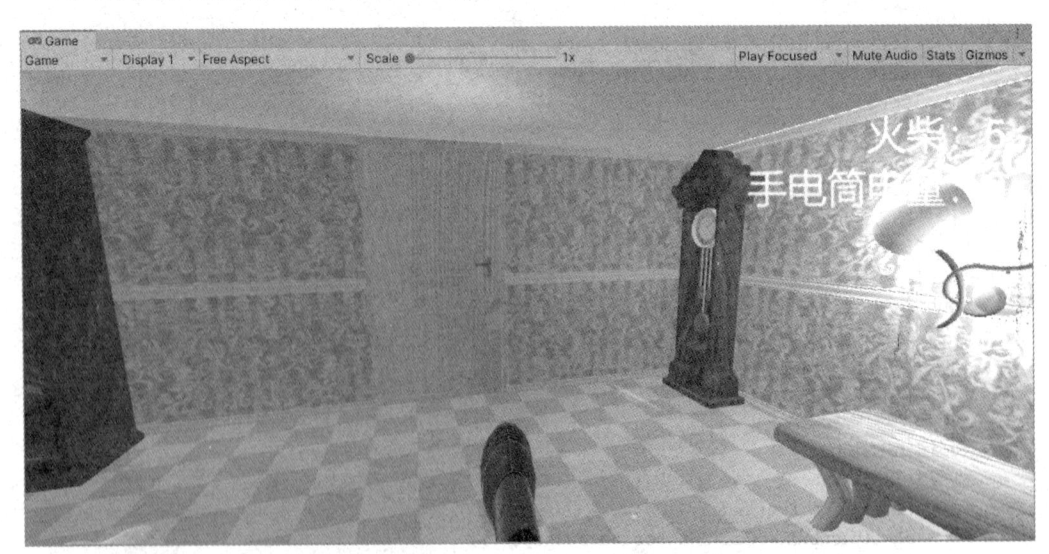

图 4-53　游戏运行效果

9）问题解决

游戏制作过程中是否出现问题，若出现则分析问题原因，并说明是如何解决的。

____

____

____

____

____

____

10）项目验收

（1）在本任务中，你是甲方还是乙方？

____

（2）在一般 3D 游戏制作项目中，甲方与乙方的关系是什么？

____

____

（3）填写验收报告（表 4-12）。

表 4-12 验收报告

项目名称			
用户单位		联系人	
地址		电话	
实施单位		联系人	
地址		电话	
项目负责人		开发周期	
项目概况			
现存问题		完成时间	
改进措施			
材料移交			
验收结果	主观评价	客观测试	项目质量

教学活动 3：评价

学习目标

（1）能够客观地对本小组进行成绩认定。

（2）提高学生的职业素养意识。

学习过程

（1）填写专业能力评价表 4-13。

表 4-13 专业能力评价表

评分要素	配分	评 分 标 准	得分	备注
一、基本要求	2	文件命名：与客户需求一致 2 分		
	2	文件保存位置：与客户需求一致 2 分		
	2	文件格式：与客户需求一致 2 分		
	2	文件运行：格式正确且能正常打开 2 分		
	2	游戏帧率：不低于 60FPS 2 分		
二、功能效果	20	主界面效果 10 分 游戏界面效果 10 分		
	20	实现解密游戏介绍 5 分 实现场景光照效果 5 分 实现密室监察者寻路功能 5 分 实现场景内粒子特效 5 分		
	20	实现 2D 拼图游戏功能 10 分 实现解密游戏功能 10 分		
三、整体效果	10	游戏完整度 10 分		
	10	游戏流畅性、交互准确 10 分		
四、职业素养	10	① 职业意识，无消极行为，如拒绝任务等 2 分 ② 职业规范，无作弊行为等 2 分 ③ 团队协作，分工有序、组内无争议 2 分 ④ 遵守纪律，无大声喧哗 2 分 ⑤ 团队风貌良好，衣着整洁 2 分		
合　计				

（2）填写任务评价表 4-14。

表 4-14 任务评价表

专业能力(50 分)		自我评价 (30%)	小组评价 (30%)	教师评价 (40%)	小计	总计
职业素质(50 分)		自我评价 (30%)	小组评价 (30%)	教师评价 (40%)	小计	总计
综合能力	自主学习能力 5 分					
	团队协作能力 10 分					
	沟通表达能力 5 分					
	搜集信息能力 10 分					
	解决问题能力 5 分					
	创新能力 5 分					
	安全意识 5 分					
	思政考核 5 分					
总成绩(知识、能力、素质)						

教学活动4：总结

学习目标

（1）能以小组形式，对学习过程和实训成果进行汇报总结。

（2）了解简单3D游戏项目从开始到结束的流程。

学习过程

1）经验总结

（1）通过本任务的学习，你最大的收获是什么？

（2）你认为在软件工程项目中，从接受甲方任务到最终交付验收，都要经过哪些环节？

2）汇报成果

本小组是以何种方式进行汇报的？请简要说明汇报思路与内容。

任务练习

实操题

在原有项目基础上增加密室房间，增加新关卡，增加选关界面与功能。

任务学习资料

拓展知识

1）TimeLine（时间轴）

TimeLine 是一个线性编辑工具，用于序列化不同元素，包括动画剪辑、音乐、音效、摄像机画面、粒子特效以及其他 Timeline，它主要是为实时播放而设计。

（1）导入 TimeLine。从 Package Manager 中获取 Timeline，依次在菜单栏选择 Windows→Package Manager，在 Package：Unity Registry 分类下搜索框中输入 Timeline 获取相关资源，如图 4-54 所示。

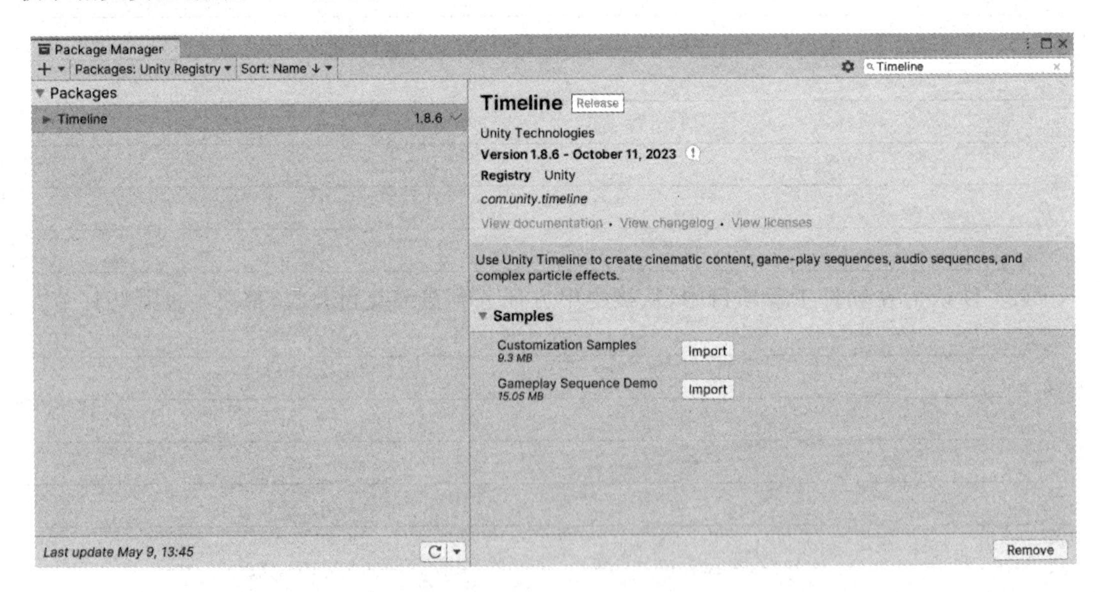

图 4-54 导入 TimeLine

单击图 4-54 所示 Samples 下的 Customization Samples 选项右侧的 Import 按钮导入包文件。

（2）创建 TimeLine。创建 Timeline Asset（Timeline 资源）和 Timeline instance 实例。Timeline Asset 包括了 Timeline 文件、Timeline track 中的 clip，或者是自定义脚本的 PlayableAsset。

在场景中使用 Timeline Asset，需要在 GameObject 对象上添加 Playable Director 组件。Playable Director 组件可以创建一个 Timeline instance，并允许用户指定一个场景中需要使用该 Timeline 处理动画的游戏对象，而这个被处理动画的游戏对象也必须要有 Animator 组件。

选择需要添加 TimeLine 的游戏对象后，依次选择菜单栏 Window→Sequencing→TimeLine，创建出 TimeLine，此时在 Unity 编辑器界面会打开一个 TimeLine 的窗口，如图 4-55 所示。

之后单击 Create 按钮创建 TimeLine 片段，进行创建的 TimeLine 片段将会以. playable

文件的格式存储，如图 4-55 所示。

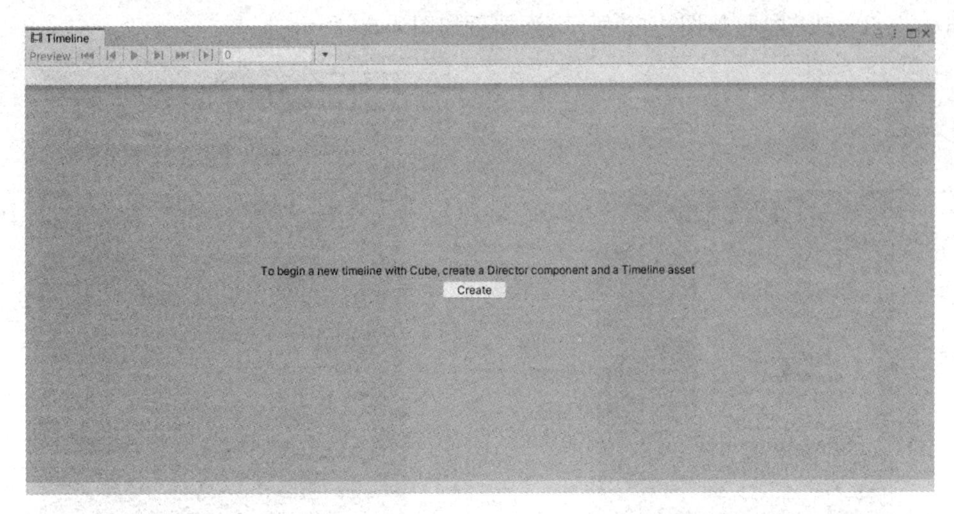

图 4-55　创建 TimeLine

此时创建 TimeLine 动画的游戏对象会被挂上“PlayableDirector”组件，如图 4-56 所示，其组件参数名及含义如表 4-15 所示。

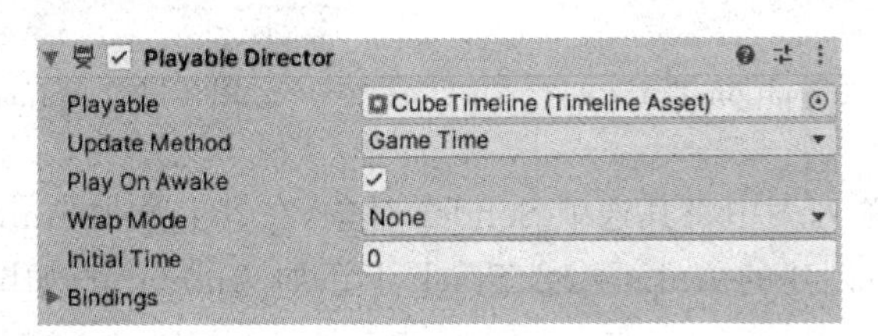

图 4-56　PlayableDirector 组件

表 4-15　PlayableDirector 组件参数名及含义

参数名	含　义
Track Group	将不同的轨道进行分类，相当于文件夹功能
Activation Track	控制物体的显示和隐藏
Animation Track	为物体加入动画，可以在场景中方便地录制动画，也可以是已经制作好的 Animation Clip
Audio Track	为动画添加音效，并可对音效进行简单的裁剪和操作
Control Track	在该轨道上可以添加粒子效果，同时也可以添加子 Timeline 进行嵌套
Signal Track	信号轨道，可以发送信号，触发响应信号的函数调用
Playable Track	在该轨道中用户可以添加自定义的播放功能

（3）TimeLine 的应用。找到随书资源包中 Solider 动画文件，此文件包含待机动作、射箭动作 2 个动作，将文件导入 Unity 工程文件路径 Assets 目录下，选中文件，可以看到两个动画片段，如图 4-57 所示。

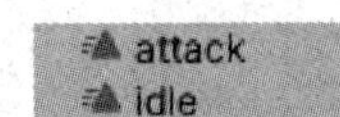

图 4-57　攻击与待机动作

将 Solider 文件拖入游戏场景，然后 Hierarchy 对象列表中将其选中，依次选择菜单栏 Window→Sequencing→TimeLine，创建出 TimeLine，此时在 Unity 编辑器界面会打开一个

TimeLine 的窗口。单击窗口中的"+"按钮,弹出若干选项,这里可以进行轨道添加,选择 Animation Track 选项,如图 4-58 所示,添加后如图 4-59 所示。

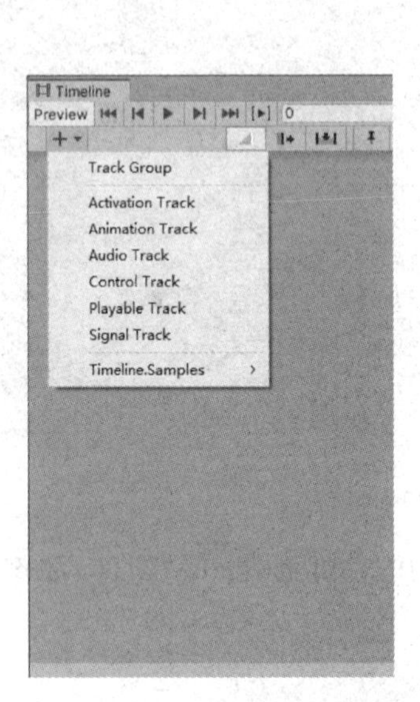

图 4-58 添加 Animation Track

图 4-59 Animation Track

在 Hierarchy 对象列表中将其选中 Solider 对象,在其上添加 Animator 组件,如图 4-60 所示,之后在上一步中创建的 Animation Track 上添加 Animator,如图 4-61 所示。

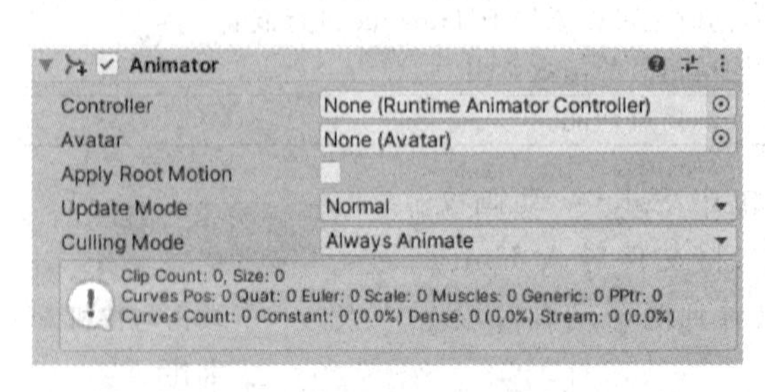

图 4-60 游戏对象上添加 Animator 组件

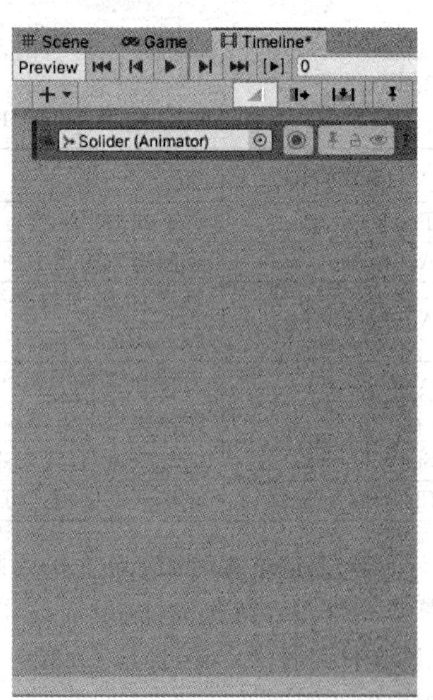

图 4-61 Animation Track 上添加 Animatior

将动画文件 idle、attack 文件拖入 TimeLine 视图，如图 4-62 所示，之后单击播放按钮，在 Game 窗口观察动作效果，如图 4-63 所示。

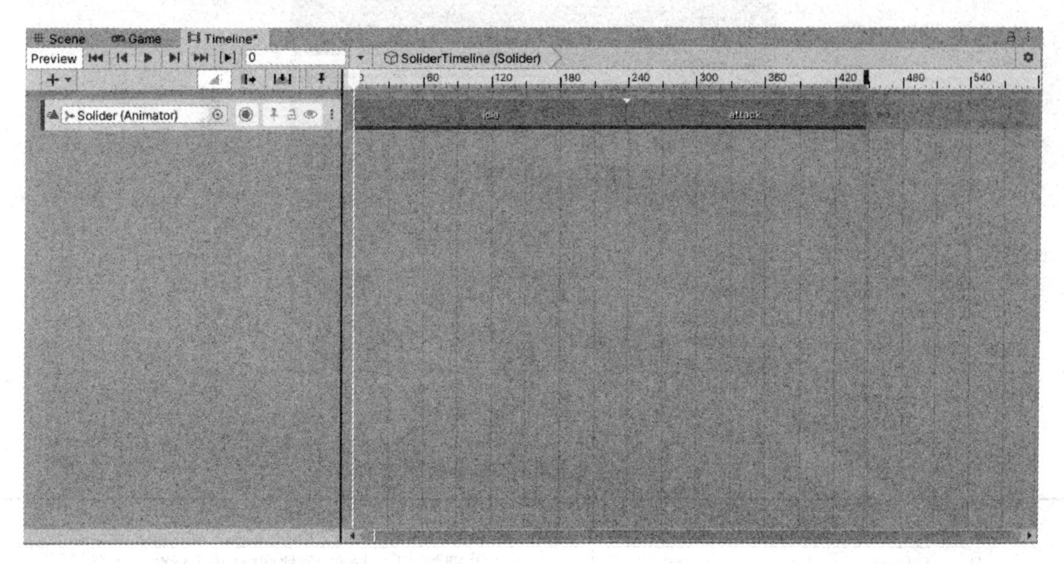

图 4-62　Animation Track 上添加动画

图 4-63　动画效果

2）寻路技术

Navigation Mesh（导航网格）是 3D 游戏世界中用于实现动态物体自动寻路的一种技术，将游戏中复杂的结构组织关系简化为带有一定信息的网格，在这些网格的基础上通过一系列的计算来实现自动寻路。导航时，只需要给导航物体挂载导航组件，导航物体便会自行根据目标点来寻找最直接的路线，并沿着该线路到达目标点。

（1）Nav Mesh Agent（代理器）。Nav Mesh Agent 组件如图 4-64 所示，其参数名及含义如表 4-16 所示。

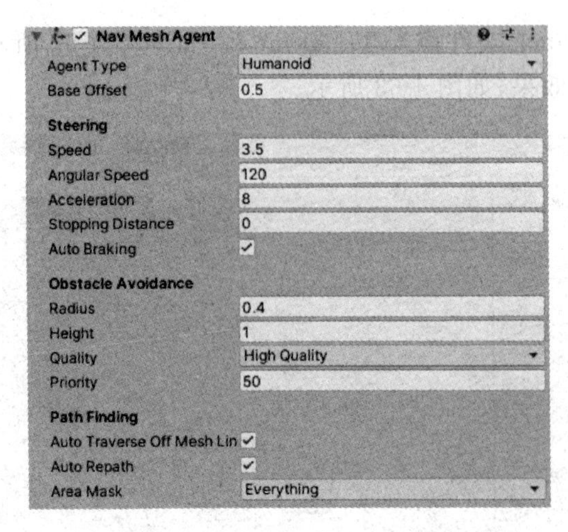

图 4-64 Nav Mesh Agent 组件

表 4-16 Nav Mesh Agent 参数名及含义

参数名	含义
Base Offset	代理器相对导航网格的高度偏移
Speed	代理器移动速度
Angular Speed	代理器转向速度
Acceleration	代理器加速度
Stopping Distance	代理器到达时与目标点的距离
Auto Braking	是否自动停止无法到达目的地的路线
Radius	代理器半径
Height	代理器高度
Auto Traverse Off Mesh Link	是否自动穿过自定义路线
Auto Repath	原有路线发现变化时是否重新寻路

(2) Off Mesh Link(分离网格链接)。如果场景中两部分静态几何体彼此分离,没有连接在一起的话当完成路网烘焙后,代理器无法从其中一个物体上寻路到另一个物体上,为了能够使代理器可以在两个彼此分离的物体间进行寻路,就需要使用分离网格链接(Off Mesh Link)。Off Mesh Link 组件如图 4-65 所示,参数名及含义如表 4-17 所示。

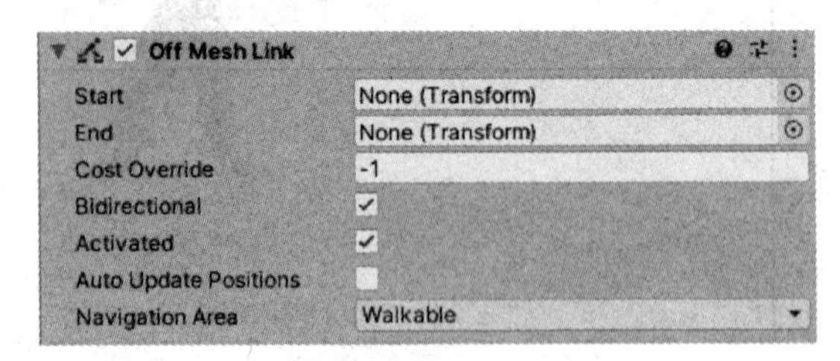

图 4-65 Off Mesh Link 组件

表 4-17 Off Mesh Link 参数名及含义

参数名	含义
Start	分离网格链接的开始点物体
End	分离网格链接的结束点物体
Bidirectional	是否允许代理器在开始点和结束点间双向移动
Activated	是否激活该路线
Navigation Area	设置该导航区域为可行走、不可行走和跳跃三种状态

续表

参数名	含　义
Cost Override	开销覆盖，如果将该值设置为 2.0，那么在计算路径时的开销是默认的计算开销的 2 倍
Auto Update Position	勾选该参数后，运行游戏时，如果开始点或结束点会发生移动，那么路线也会随之发生变化

(3) NavMesh Obstacle(导航网格障碍物)。导航网格中对于固定的障碍物，开发时可以通过路网烘焙的方式使代理器无法穿透，但游戏中常常会有移动的障碍物，这种动态障碍物无法进行烘焙，为了使代理器也能够与其发生正常的碰撞，就需要使用导航网格障碍物。Nav Mesh Obstacle 组件如图 4-66 所示，其参数名及含义如表 4-18 所示。

图 4-66　NavMesh Obstacle 组件

表 4-18　Nav Mesh Obstacle 参数名及含义

参数名	含　义
Shape	碰撞器的形态(Box、Capsule)
Center	动态障碍物碰撞器的中点位置
Size	动态障碍物碰撞器的尺寸
Carve	是否允许被代理器穿入

(4) Bake(路网烘焙)。为了实现寻路功能，除了使用上述的三种组件外，还需要对路网进行烘焙，即指定哪些对象可以通过、哪些对象不可移动通过。依次选择菜单栏 Window→AI→Navigation。Bake 窗口如图 4-67 所示，其参数名及含义如表 4-19 所示。

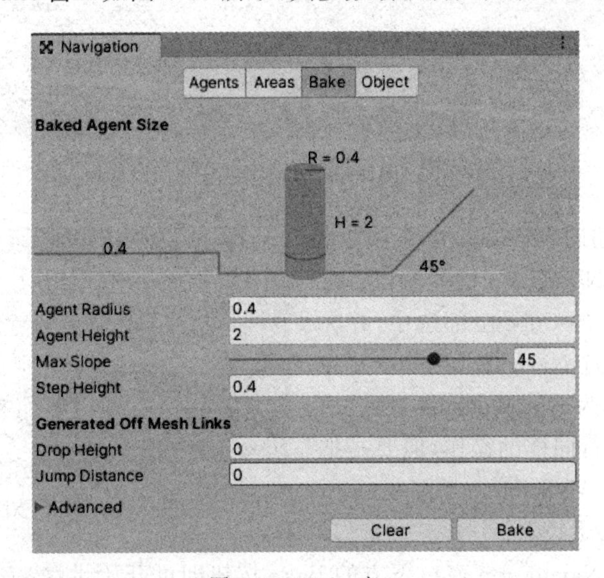

图 4-67　Bake 窗口

表 4-19 Bake 窗口参数名及含义

参数名	含义
Navigation Static(Object 选项中)	是否将物体标记为静态,需要烘焙的物体须将其勾选
Navigation Area	导航区域,设置当前选中的物体为可通过还是不可通过
Agent Radius	代理器半径
Agent Height	代理器高度
Max Slope	代理器可以通过的最大坡度
Step Height	可通过的台阶高度

① 首先打开 Unity 集成开发环境,新建一个工程并重命名为 NavMeshAgent_Demo,进入工程后保存当前场景并重命名为 NavMeshAgent_Demo,然后在 Assets 目录下新建两个文件夹分别命名为"Texture"和"C#",分别用来放置纹理图和脚本文件。

② 搭建场景,本案例中使用了数个 Cube 和 Plane 搭建了两个迷宫。搭建完成后将导入的 Texture 文件夹中的纹理图添加到场景中,并在迷宫中放置一个 Sphere 作为需要寻路的角色,完成后效果如图 4-68 所示。

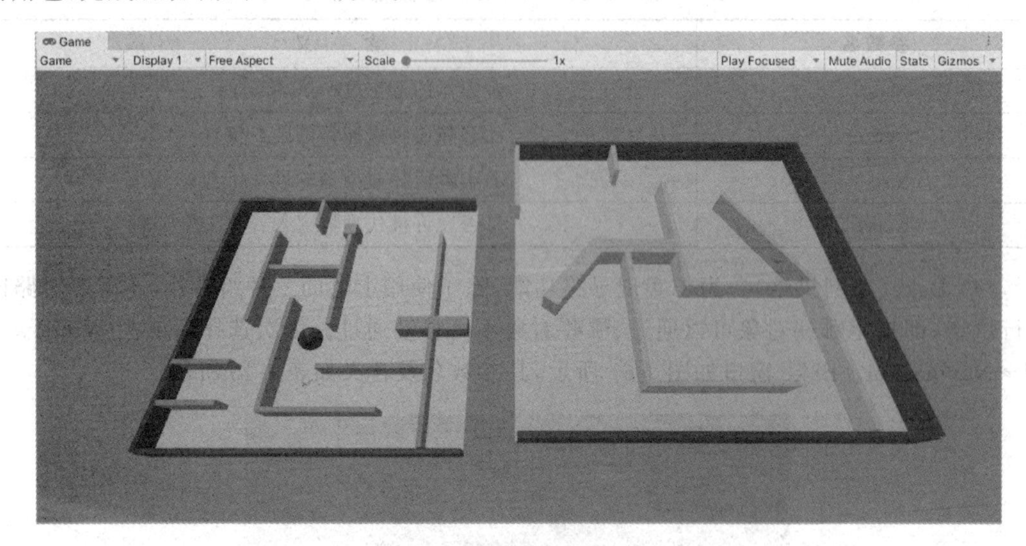

图 4-68 场景搭建

③ 接下来开始路网烘焙。首先单击菜单栏中 Window→AI→Navigation 打开窗口。之后将所有作为障碍物的 Cube 全部选中,并在 Navigation 窗口中勾选 Navigation Static 并将 Navigation Area 选择为 Not Walkable,然后选择两个 Plane 对象执行同样的操作,但要是把 Navigation Area 选为 Walkable。如图 4-69 所示,展示 Plane 对象参数设置。

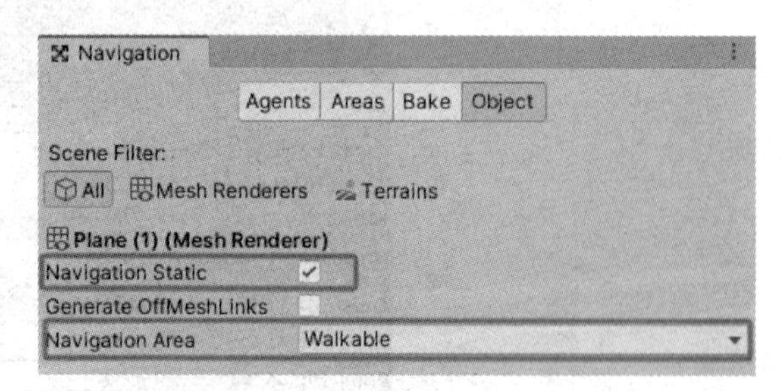

图 4-69 Plane 对象参数设置

④ 完成后单击 Navigation 窗口下方的 Bake 按钮即可开始烘焙,完成后场景如图 4-70 所示。接下来选中小球为其添加代理器,依次选择 Component→Navigation→Nav Mesh

Agent 即可。完成后即可在 Inspector 面板中看到代理器的设置面板，使用默认参数即可。

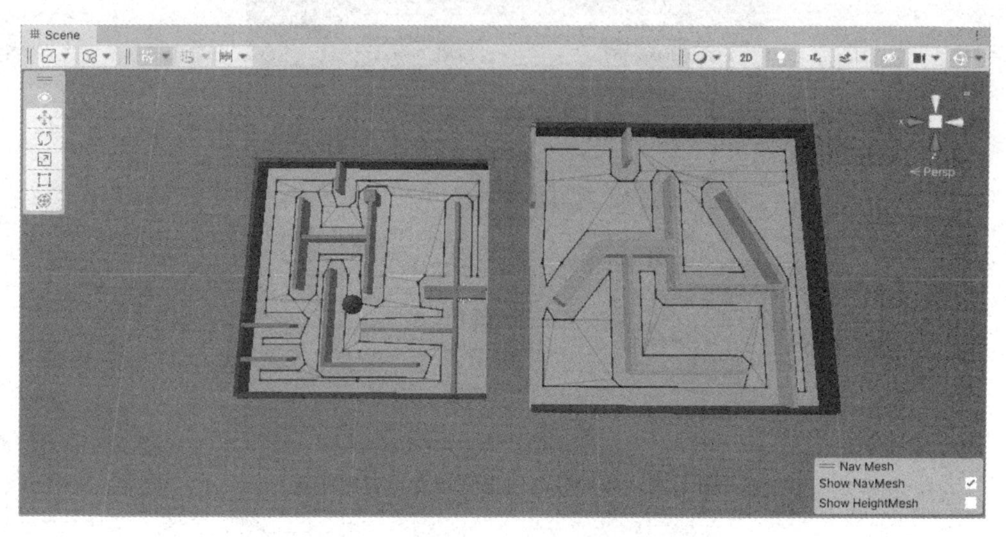

图 4-70 烘焙路网

⑤ 由于两个迷宫彼此分离，所以需要使用分离网格链接。首先创建多个 Cylinder，并在两个迷宫之间一一对应的摆放，如图 4-71 所示。

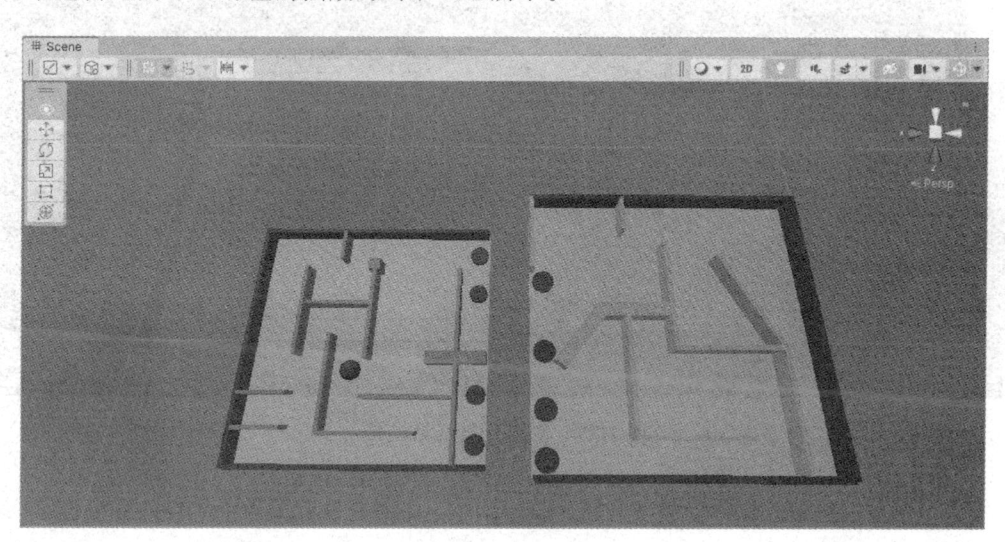

图 4-71 添加 Cylinder

⑥ 在一侧的 Cylinder 上添加 Off Mesh Link 组件。并在其设置面板中添加起始点和结束点的位置信息，最后将 Cylinder 上的渲染组件取消勾选即可，如图 4-72 所示。完成后 Cylinder 对象将不在场景中被渲染，此时打开 Navigation 窗口，场景的效果如图 4-73 所示。场景中另设置一个动态障碍物，为了能与代理器产生碰撞，需要为其添加 Nav Mesh Obstacle 组件。

⑦ 在 C# 文件夹下右键→Create→C# Script 创建一个 C# 脚本并重命名为 Demo。双击脚本进入脚本编辑器编辑代码。

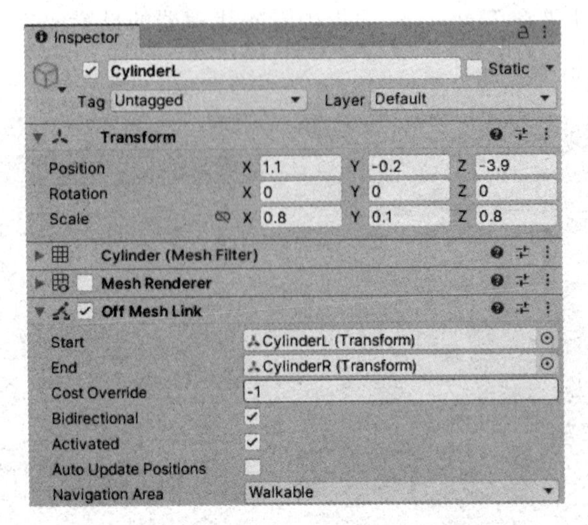

图 4-72 添加分离网格链接并设置起止点

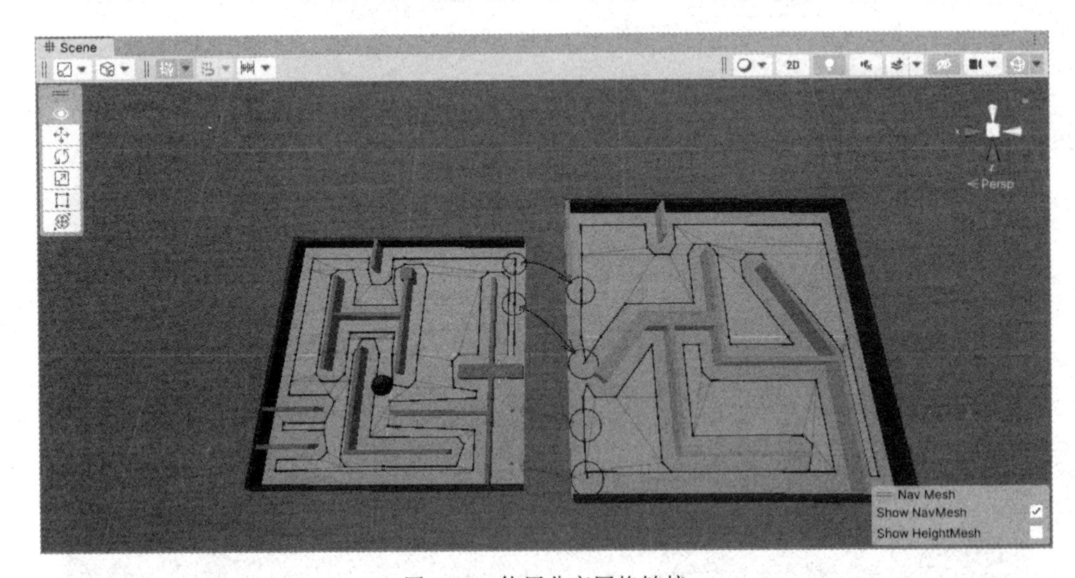

图 4-73 使用分离网格链接

相关代码：

```
public class Demo : MonoBehaviour {
    private NavMeshAgent _nav;                        //声明代理器变量
    void Start () {
        _nav = this.GetComponent<NavMeshAgent>();//获取挂载该脚本的对象上的代理器组件
    }
    void Update () {
        if (Input.GetMouseButtonDown(0)) {          //判断鼠标是否被按下左键
            Ray ray = Camera.main.ScreenPointToRay(Input.mousePosition);
            //声明一条以鼠标位置为起点的射线
            RaycastHit hit;                         //声明存储回馈信息的结构
            if (Physics.Raycast(ray, out hit)){     //向场景中发射射线,如果有回馈信息就继
                                                      续执行
```

```
                    _nav.SetDestination(hit.point);     //将射线与3D物体的交点设置为代理器的
                                                          目标点
                }
            }
        }
    }
```

⑧ 最后将脚本挂载到小球上即可。本案例中各个组件均使用的是默认参数,实际开发时根据不同需求,可以对其中的参数进行微调。

⑨ 运行游戏,通过在Plane对象上单击鼠标左键控制小球移动位置。

参考文献

[1] 马遥，沈琰. Unity3D脚本编程与游戏开发[M]. 北京：人民邮电出版社，2021.
[2] Unity Technologies. Unity官方案例精讲[M]. 北京：中国铁道出版社，2018.
[3] Joseph Hocking. Unity实战[M]. 蔡俊鸿，译. 北京：清华大学出版社，2019.
[4] Matt Smith，Chico Queiroz. Unity开发实战. 童明，译. 北京：机械工业出版社，2014.